Apparel
Innovators

中野香織
Nakano Kaori

「イノベーター」で読む
アパレル全史

日本実業出版社

「アパレル・イノベーター」年表

年	出来事
1858	■**チャールズ・フレデリック・ワース**がオートクチュールでビジネス開始
1861	■アメリカ南北戦争
1867	■世界最古の女性ファッション誌「ハーパーズ バザー」が創刊
1892	■ファッション・ライフスタイル誌「ヴォーグ」が創刊
1893	■**御木本幸吉**が世界初の半円真珠の養殖に成功
1899	■銀座に日本初の真珠専門店「御木本真珠店」が開店
1906	■**ポール・ポワレ**がハイ・ウェストのドレス「ローラ・モンテス」を発表し、女性をコルセットから解放
1906	■**ガブリエル・〈ココ〉・シャネル**が帽子のアトリエを開業
1914	■第一次世界大戦勃発
1918	■第一次世界大戦終結
1921	■シャネルが香水「No.5」を発表

1927 ■ジャンヌ・ランバンが香水「アルページュ」を開発

1936 ■エルザ・スキャパレリが「ジッパードレス」と「ショッキングピンク」を発明

1939 ■第二次世界大戦勃発

1945 ■第二次世界大戦終結

1947 ■クリスチャン・ディオールが「コロール」ラインを発表

1958 ■マリー・クヮントが「キンキーなミニスカート」を発売

1959 ■美智子妃（現上皇后）がディオールによるデザインのドレスを着て「朝見の儀」に臨む

1962 ■ダイアナ・ヴリーランドが米国「ヴォーグ」編集長に就任

1963 ■芦田淳が「テル工房」を設立して高級既製服の生産を開始

年	出来事
1964	■**カール・ラガーフェルド**が「フリーランスデザイナー」としてクロエと契約
1965	■**森英恵**がニューヨーク・コレクションに参加
1966	■**イヴ・サンローラン**が「タキシード・ルック」を発表 ■芦田淳が美智子妃（現上皇后）の専属デザイナーとなる（〜1976）
1967	■**ラルフ・ローレン**が「POLO」を発表 ■ミニスカートの女王、ツイギーが来日
1970	■**ポール・スミス**がノッティンガムに最初の店を開く ■**三宅一生**が三宅デザイン事務所を設立
1971	■**マノロ・ブラニク**が靴デザイナーとしてデビュー ■**ヴィヴィアン・ウエストウッド**がマルカム・マクラーレンとロンドンのキングスロードに「レット・イット・ロック」を開店
1972	■**山本耀司**が「ワイズ」を設立 ■イタリアのフィレンツェでメンズファッション見本市「ピッティ・イマージネ・ウオモ」が開催される

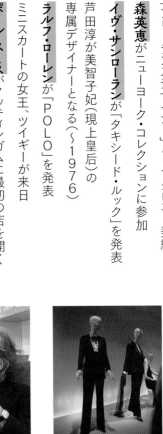

1974	■ダイアン・フォン・ファステンバーグが「ラップドレス」を発表
1975	■伊勢丹からアメリカ人デザイナー第1号としてカルバン・クラインの作品が発売される
	■アマンシオ・オルテガがZARAを創業
	■DCブランドブーム到来
1976	■セックスピストルズが「アナーキー・イン・ザ・U.K.」を発表
	■ジャン＝ポール・ゴルチエが初のコレクションを発表
1978	■ブルネロ・クチネリが創業
1980	■ジョルジオ・アルマーニが映画『アメリカン・ジゴロ』でリチャード・ギアの衣装を担当
1981	■アズディン・アライアがデビュー、「ボディコンスタイル」のブームを起こす
	■川久保玲と山本耀司がパリ・プレタポルテ・コレクションにデビュー
1983	■ラガーフェルドが「シャネル」のアートディレクターに就任
1984	■柳井正が小郡商事（現ファーストリテイリング）の社長に就任

年	出来事
1984	■**ベルナール・アルノー**がマルセル・ブサック・グループを買収し、クリスチャン ディオールを基盤とする世界屈指のラグジュアリーブランド企業を育てる戦略を開始
1985	■**ドルチェ&ガッバーナ**がミラノでデビュー
1986	■**ドリス・ヴァン・ノッテン**が「アントワープの六人」の一人としてロンドンでメンズウェアを発表
1988	■**アナ・ウィンター**が米国「ヴォーグ」編集長に就任
1989	■「ピッティ・イマージネ・ウオモ」のCEOに**ラファエロ・ナポレオーネ**が就任 ■ベルナール・アルノーがLVMHの実権を握る
1990	■**ヴェラ・ウォン**がニューヨークのカーライルホテル内にサロンを開く
1991	■湾岸戦争、バブル崩壊
1992	■**クリスチャン・ルブタン**が「レッドソール」の靴ブランドを創設
1993	■三宅一生が「プリーツ プリーズ」を発表
1994	■**トム・フォード**がグッチの「クリエイティブ・ディレクター」に就任
1995	■アナ・ウィンターが「メットガラ」の主催者となる

1996	■**ジョン・ガリアーノ**がディオールのクリエイティブ・ディレクターに就任
1997	■ポール・スミスが英国のトニー・ブレア元首相の公務用スーツを担当
1998	■ユニクロが原宿に出店してフリースブームを起こす
2000	■**エディ・スリマン**が「男を小さく見せる」スーツを発表
	■**フレデリック・マル**が香水ブランド「フレデリック マル」を創設
2001	■**トム・ブラウン**がデビュー、半ズボンスーツで衝撃を与える
2002	■**アンドリュー・ボルトン**がメトロポリタン美術館衣装研究所のアソシエイト・キュレーターに就任
2005	■トム・フォードが自身のブランドを創設
2006	■**マーク・パーカー**がナイキの社長兼CEOに就任
2007	■**アニヤ・ハインドマーチ**がエコバッグのブームに火をつける
	■**キリアン・ヘネシー**が香水ブランド「キリアン」を創設
2009	■**ジル・サンダー**がユニクロとデザインコンサルティング契約(～2011)

年	出来事
2010	■**舘鼻則孝**が「ヒールレスシューズ」を制作
2011	■**アマンシオ・オルテガ**がインディテックスを引退し、パブロ・イスラがCEOに就任
2013	■**ヴァージル・アブロー**が「オフ-ホワイトc／o ヴァージル アブロー」を開始、「ラグジュアリー・ストリート」というジャンルを流行させる ■**フランソワ＝アンリ・ピノー**が社名を「PPR」から「ケリング」に変更
2015	■グッチのクリエイティブ・ディレクターとして**アレッサンドロ・ミケーレ**が就任
2017	■**エドワード・エニンフル**が黒人として初めて英国「ヴォーグ」編集長に就任 ■世界で「#MeToo」運動が起き、ウォークモデル（覚醒したモデル）が活躍 ■メトロポリタン美術館で特別展「川久保玲／コム デ ギャルソン 間の技」を開催
2018	■ナイキが「Just Do It」キャンペーンでコリン・キャパニックを起用
2019	■ラルフ・ローレンが英国のチャールズ皇太子よりアメリカのデザイナーとしては初めてのKBEを受勲 ■LVMHがティファニーの買収を発表

はじめに

本書は、これから「ファッション」や「アパレル」の世界を学びたい人のために書かれた入門書である。

この分野で革新的な功績を残し、時に社会全体に変化をもたらした名だたるプレイヤーや、新しいジャンルを作ったり現象に意味づけをしたりすることで、**心躍るファッション／アパレルの歴史を作り上げてきたキーパーソン**を紹介する。

はじめに、用語の定義をしておこう。世間においてあいまいな使われ方をしている用語に関しては、本書の中では次のように定義する。

アパレル――日本では服を作るビジネス全般を「アパレル（産業）」と呼ぶことが多い。本書においては、範囲をより広げ、人間の外見を作る装備すべてをさす。英語の〝apparel〟は「装備」や「外観」の意味も含む。したがって、生地や皮革で作られた服だけではなく、バッグ、靴、香水、宝飾品もこの中に含む。

モード――デザイナーやクリエイターが展示会やショーなどを通して発表する、その時代の最新・先端の流行型。

ファッション――社会的な存在としての人の装い。仕事や社交のための服装、あるいは存在を社会的に主張するための装備。ファッション史研究に携わってきた私は、言動や社会的立場、人間関係も含め、人を形づくる要素すべてを「ファッション」の構成要素に含めている。

日本においては、いまだ「ファッション」と聞いただけで「趣味的自己主張」「気まぐれな流行」「有閑階級《ゆうかんかいきゅう》の贅沢」というイメージを連想される方が多い。この単語を見ただけで無意識のうちに拒絶反応を起こす読者に配慮して、本書のタイトルには「アパレル」を用いることになった。

スタイル――「モード」が「ファッション」となり、ある一定の時間軸や空間において定着した型。あるいは、紛れもなくその人のものとわかる固有の形や様式、シルエット。語源のスティロ（stilo）は尖った筆のこと。尖筆で書かれた、紛れもないその人の筆跡というイメージを想起していただきたい。

クチュリエ（フランス語、女性の場合はクチュリエール）――ドレスを創作する店舗を持ち、シーズンごとのテーマを考え、素材、デザイン、アクセサリーまですべて統合して企画・製品化する権限と最高レベルの技術を持つデザイナー。

ファッション史を学ぶことは、時代と人のあり方の関わりを学ぶことにつながる。外観が変わるということは、人の見え方が変わるだけでなく、社会に向き合う態度（アティテュード）や考え方が変わるということである。社会が変われば態度も変わり、結果として装いを変えざるを得ない。また、考え方が変わっているのに変わらない社会に対して異議申し立てをするために、アパレルが貢献した例もある。

社会がファッションを変え、アパレルが変化の後押しをする。ファッション史というのは、その関係の歴史でもある。人のアイデンティティや社会的信用とも結びつくゆえに、おろそかに扱ってはならないことであるにもかかわらず、いやそれゆえに、人はしばしばファッションの問題から目を背ける。

そんなファッションないしアパレルの歴史を「**イノベーター（変革者）**」という視点から概観するというコンセプトのもと、本書を執筆した。時代の変化を敏感に察知し、時代に合った考え方や態度を表現するモードを創造し、結果として社会に変革をもたらしたイノベーターの奮闘の歴史を通して、現在や未来を考えるヒントを得ていただければ幸いである。

第1章では、19世紀半ばから20世紀前半にかけて、モードを通して時代を切り開いたクチュリエ／クチュリエールを中心に紹介する。

第2章では、時代が求める人間像を作った20世紀のスターデザイナーのなかから、その功績によって社会に革新をもたらしたデザイナーを紹介する。20世紀は、60年代、70年代、80年代と、時代の変化とファッションが密接に結びつき、明快なトレンドが生まれやすい時代でもあった。

1970年代から1980年代にかけての好景気は、モードの多様化を推し進め、個性が際立つデザイナーが創業者となるブランドが多数登場した。それから40年ほど経ったいま、創業者の個性が強烈であるゆえに、後継者選びに難航するブランドも少なくない。第3章では、そのような強い個性で一時代を築いたデザイナーを紹介する。後継者選びに実際に難航する創業者もいれば、まだまだ現役で活躍する勢いのデザイナーもいる。

第4章では、世界に衝撃を与えた日本のデザイナーや経営者を紹介する。ファッションデザインを通して日本の女性を変えたデザイナーもいれば、西洋の美の概念と対立する日本古来の美意識をモードに持ち込み、西洋の美の基準を揺るがしたデザイナーもいる。世界が認めるラグジュアリーブランドのリストに唯一、日本ブランドとして選ばれる企業を育てた起業家もいる。世界における日本人の強みとは何なのか、彼らの活躍を通して改めて考えてみたい。

第5章では再び世界へ目を向ける。1990年代から「デザイナー」に代わり「クリエイティブ・ディレクター」が台頭することになるが、それはいくつかのブランドを束ねる資本家が表舞台で活躍し始めたことと無関係ではない。利益を生むためのマーケティングと広告が重視されるようになったのである。一方、M&A（買収・合併）のゲームとは距離を置き、時代の先を見据えた独自の経営スタイルで成功する経営者もいる。資本家がプレイヤーとしてファッション／アパレル業界を支配する時代を、彼らの仕事を通して考えてみたい。

そんな資本家に翻弄されながら、自分の個性と折り合いをつけ、時代に影響を与えたクリエイティブ・ディレクターを第6章で紹介する。この章で取り上げなくてはならない人はもっと多いのだが、本書が入門書ということもあり、断腸の思いで11人（10組）に絞った。

第7章では、ニッチな分野で勝負をかけ、唯一無二のポジションを築くことに成功しているクリエイターを紹介する。ビジネスの規模は大企業に及ばないとしても、他の追随を許さないブルーオーシャンを作り上げたイノベーターたちは、一貫した強い信念の持ち主でもある。

　また、このようなクリエイターや経営者が群雄割拠するジャングルに、一定の見方を与えてきたメディアの存在を無視することはできない。第8章では、ファッションエディター、ジャーナリスト、フォトグラファー、キュレーターなど、確固たる視点からモードの交通整理をしたり、流行を生み出したりしたイノベーターを紹介する。

　アパレル／ファッションの世界の革新者たちの物語ではあるが、ビジネスと密接に結びついた一人の人間としての個性的な生き方や行動が、ジャンルを超えて、読者のみなさま一人ひとりの仕事や人生に、なんらかのインスピレーションを与え、思考や行動を促す契機になることを心より願っている。

「イノベーター」で読む　アパレル全史◉目次

第3章 モードの多様化と、その行き詰まり ブランドが抱える後継者問題

第4章

日本が世界に与えた衝撃

第5章

グローバリズムとカリスマ経営者

第6章 翻弄するのか？ 翻弄されるのか？ 時代の寵児、クリエイティブ・ディレクター

第7章 グローバル・ニッチ市場で勝負するクリエイター

第8章 イノベーターを育てるファッションメディア

カバーデザイン　竹内雄二
カバーイラスト　iStock.com/MoreenBlackthorne
本文DTP　一企画
査読　村上要（「WWD JAPAN.com」編集長）

第1章

オートクチュールの始まり
女性「解放」のイノベーション

ファッションデザイナーとして名前を残している最初の人は、**ローズ・ベルタン**であろう。フランス王妃マリー・アントワネットの専属デザイナーとして新しい宮廷モードを次々に生み出した。ベルタンが残している名言にこのようなものがある。

「この世に新しいものなどない。ただ、忘れられているだけだ」

18世紀末のことである。ベルタンの言葉は、ある意味では真実かもしれない。

しかしその後も、新しいもの、少なくとも新しい時代に生きる人に新しい感動を与えるものを生み出すべく、人々は闘い続けている。

ローズ・ベルタン
(1747～1813)
マリー・アントワネットのドレスメーカーとして名をはせた

オートクチュールの始祖にして
元祖スターデザイナー

チャールズ・フレデリック・ワース

Charles Frederic Worth（1825～1895）

1895年３月の
ウォルト（フランス名）

現代につながるファッションビジネスの起点を探すと、1858年に行きあたる。1845年にパリに移住し、**シャルルル・フレデリック・ウォルト**とフランス名を名乗るイギリス人の織物商（英語名は**チャールズ・フレデリック・ワース**）が、**オートクチュール**（高級仕立服）のシステムを創り、ビジネスを開始した年である。

オートクチュールとは何なのか。

服地の選定からデザイン、仕上げまでをデザイナーが一貫して行うシステムである。デザイナーが服のサンプルを用意し、モデルに着せ、顧客に選ばせ、顧客の身体のサイズに合わせて作る。これをすべて一人のデザイナーの名のもとに一貫して行うのである。

このシステムは当時においては画期的であった。というのも、ウォルト登場以前、服を作りたい人は自分で生地を買い、装飾品は別の店で購入し、それらを仕立屋へ持っていってデザインしてもらい、最終的に縫製はお針子《はりこ》（仕立屋に雇われて衣服などを縫う女性）が担っていた。服はこのような分業体制のもとに作られていたのである。システムを改革したばかりではない。経営戦略、ブランディング戦略においてもウォルトは従来の慣習を一新した。

まず、動くマネキンに自社のドレスを着せて顧客に披露した。「**ファッションモデル**」を創り出したのだ。最初のモデルはウォルトの妻、マリー・ヴェルネが務めた。

次に、販売した服に自社ブランドのラベルを縫いつけるとともに、デザイナーである自分自身を積極的にPRした。つまり、**ブランドビジネスの創始者**となると同時に、**スターデザイナー第一号**ともなったわけである。

自身の価値を高める戦略にともない、顧客との関係も変える。顧客の家を一軒一軒訪ねて回るのではなく、パリのリュ・ド・ラ・ペに構えた自社の店舗まで顧客に足を運ばせた。こちらからお伺いするのではなく、足を運ばせることで自社の価値を高めるという戦略は、後に、20世紀の**ジョルジオ・アルマーニ**も採用して成功している。サロンは上流階級の社交場としての機能まで果たすことになった。

ウォルトのメゾン（オートクチュールの店。デザインから商品化まで自社内で一貫した生産管理を行うアパレル企業）はたちまち当時の著名人たちの間で評判になる。顧客のなかには、第二帝政期における皇帝ナポレオンの妻、ウジェニー皇后や、オーストリアのエリザベート皇后もいる。

貴族ばかりではなく、当時のスター女優であったサラ・ベルナールやリリー・ラングトリーもウォルトで服を作った。顧客同士が同じ場所で同じ服を着て気まずい思いをすることのないよう、ウォルトのほうで**顧客情報を管理**（このドレスを〝いつ、どこで〟着るのかを把握しておくこと）していたことも、彼女たちにとっては心強いことだった。

現在、高級婦人服でビジネスを行うブランドは、プライバシーを侵害しない程度に、顧客情報を管理しているが、その「伝統」はウォルトから始まるわけである。

パリ、リュ・ド・ラ・ペ7番地に構えたハウス・オブ・ウォルト

1868年には「フランス・クチュール組合」が創設され、これがのちの「パリ・オートクチュール組合」（サンディカ）となる。オートクチュールのシステム、ファッションデザイナーというコンセプトと社会的地位、すべてがウォルト（ワース）に由来し、現在に至るまで続いている。

ウォルトのガウンを身につける
ウジェニー皇后
（ヴィンターホルター画。1853年）

コルセットから女性を解放した「王様」

ポール・ポワレ

Paul Poiret（*1879〜1944*）

1913年頃のポワレ

2015年、アメリカのボストン美術館で起きたキモノ・ウェンズデー中止事件が発端となり、西洋では「文化の盗用（cultural appropriation）」に神経をとがらせなくてはならなくなった。白人が、非白人の文化の一部を私有化すること、たとえば白人が日本文化の象徴たるキモノを着てみせたりすることは、その文化へのリスペクトではなく「盗用」とみなされるという厳しい監視の時代に私たちは生きている。

些細な事柄であってもインターネットで即座に炎上する現代に比べれば、20世紀初頭はなんとのどかな時代であったことか。

かねてよりヨーロッパではジャポニスム（西洋人による日本礼賛）の流行が盛り上

がっており、ギルバート&サリバンのオペラ「ミカド」の舞台で着られるキモノ、当時のスターとなったマダム貞奴《さだやっこ》こと川上貞奴が着るキモノは、異国趣味をもって称賛されていた。その流れの延長に、ヨーロッパでは室内着として「**キモノ・ドレス**」が取り入れられていたのだった。

インスピレーションの源になったのは、当時の武家の奥方（妻）が着用していた小袖である。現代のように窮屈に帯を締め上げるタイプの着物ではなく、比較的ゆったりと身体を泳がせることのできる、動きやすく流麗なキモノ。

ここからヒントを得た室内着こそ、キモノ・ドレスである。日中の窮屈なコルセットを外したときにガウンのようにまとえる室内着。キモノは、コルセットなしでも女性は美しく装うことができるという、新しい可能性でもあったのだ。

ここに商機を見て、キモノに発想を得た作品を作り、数百年間に及ぶコルセットの

川上音二郎一座の巡演、ベルリンにて。1901年。貞奴の影響で、キモノ風の「ヤッコドレス」が流行した。ピカソも彼女の演技を絶賛、フランス政府はオフィシェ・ダ・アカデミー勲章を彼女に授与した

呪縛から西洋の女性を解放したデザイナーこそ、**ポール・ポワレ**である。

ポワレはパリの生地商人の家に生まれた。両親は息子を傘屋へ奉公に出す。そこでポワレは傘の端切れを集めて人形の服を作り、すでにファッションデザイナーとしての才能の片鱗を見せていた。めきめきと頭角を現し、各所で名を上げていったポワレは、20世紀最初の20年間、ヨーロッパのファッションを支配した。

派手なことを好んだポワレの作品は、異国趣味からヒントを得たものが多い。「東方」のキモノ、カフタン、チュニックなどを参考にしながら、西洋人の顧客にとって斬新に映るデザインに挑んだ。「**キモノ・コート**」も、まさにそのなかの一着である。

ポワレは、ハーレムパンツやランプシェード型のチュニックなども発表した。発想の源は非西洋世界だが、作品は当時の西洋の好みに合うよう、毛皮や刺繍《ししゅう》、羽根や色彩で豪華絢爛《ごうかけんらん》に飾り立てられている。キモノ・コートにも毛皮のトリミングがあしら

イラストレーター、ポール・イリブが描くポワレのデザイン（1908年）

われている。現代であれば、またたくまにバッシングを浴びるところかもしれないが、コルセットなしで着用できるこの「革命的な」ファッションが、ポワレを名士にする。

マーケティング戦略においても、**娯楽性の強い演出**によってパリの評判となった。メゾンを経営していた26年間（１９０３〜１９２９年）、ポワレは「**ファッションの王様**（King of Fashion）」と称され、自身も王様のように尊大に振る舞った。

第一次世界大戦後、時代のムードは激変し、シャネルやスキャパレリの台頭によりポワレは「時代遅れの人」となり、凋落する。晩年は貧困のうちに亡くなった。

ポワレは、キモノにヒントを得た服で西洋の女性をコルセットから解放したかもしれない。しかし、ウエストはコルセットから解放したものの、裾をすぼめ、よちよち歩きしかできない「**ホブルスカート**」を考案して、今度は女性の足を拘束した。女性の身体のどこかを拘束したいという男性の願望（？）は、どこかに反映され続けていたわけである。

女性のウエストも足も完全に拘束から解放されるには、女性デザイナーであるココ・シャネルの登場を待たなくてはならない。

女性の自由と自立を体現した

ガブリエル・〈ココ〉・シャネル

Gabrielle Coco Chanel（*1883〜1971*）

没後半世紀経っても、**ガブリエル・〈ココ〉・シャネル**の人気は衰えない。その人生を描く映画や舞台が、いまなおエンターテイメントとして享受され、すでに世界中で出版されているおびただしい数の伝記本・名言本は、なおその数を増やし続けている。ファッションの力によって、修道院で暮らす孤児からホテル・リッツに住まう富豪へと駆け上がった〈マドモワゼル〉・シャネルの生涯の、どこをどう切り取っても興味深く、インスピレーションに満ちているからにほかならない。

シャネルが20世紀に生み出したファッションは、一人の女性としてのシャネル、ひいては、シャネルが送った人生そのものと切り離して考えることは不可能である。

1920年頃のココ・シャネル

白と黒のモノトーンの組み合わせを生んだ、孤児として過ごした修道院時代の記憶。

「貧しい素材」と呼ばれたジャージー素材をハイファッションへと格上げした大胆さに潜む、**上流階級に対するリベンジ意識。**

メンズライクな服を生んだ、最初の愛人エティエンヌ・バルサンや最愛の恋人アーサー・〈ボーイ〉・カペルとの複雑ないきさつ。

ロシアン刺繍のヒントになった、ロシアの亡命貴族ディミトリー大公との愛。

香水「**No.5**」に濃厚な影響を与えた、作曲家ストラヴィンスキーとの情愛。

本物と偽物をミックスする**コスチュームジュエリー**の着想を与えた、6年越しの恋人ウエストミンスター公爵から贈られた豪華な宝石類。

ほかにもさまざまな作品に、ピカソ、ルヴェルディ、ビスコンティ、ジャン・コクトーなど、時代の寵児であった芸術家や著名人との恋愛あるいは交流の影響が及んで

アーサー・〈ボーイ〉・カペル
(1881〜1919)
シャネルが最も愛した男性とされるイギリスの実業家

いる。

作品が生まれたそんな背景を知れば知るほど、彼女の波乱に満ちた人生そのもののほうへと関心が惹きつけられる。

シャネルは孤児として修道院で育ち、お針子《はりこ》からキャリアをスタートさせる。芸能で道を立てようとしたこともあるが、愛人の援助により起業し、帽子ビジネスを始めて成功する。ヨーロッパ一の富豪をはじめ当時の著名人たちと恋愛遍歴を重ね、セレブリティ（著名人）との友情をはぐくみながら7カ国にまたがるネットワークを築き上げた。

女性の現実に即した革命的デザインによって世界的なデザイナーとして成功し、戦後の15年ほどの亡命の期間を経て（大戦中には敵国のドイツ将校と愛人関係にあったので、戦後は身を隠す必要があった）、70歳で奇跡のカムバックを果たし、結婚はせず、生涯を終える直前まで仕事を続けた。

イゴール・ストラヴィンスキー
(1882〜1971)
ロシアの作曲家。妻子ともどもシャネルが面倒を見た。五線譜が間近にある愛の生活のなかで、香水No.5が生まれるシャネルのファッションは、そんな驚異の人生の一瞬一瞬から、あたかもそれが必然の果実でもあるかのように生まれたものばかりである。19世紀的な価値を皆殺しにする**機能的なファッション**ばかりだが、そこには当時の**上流階級に対するリベンジ意識**も潜んでいた。パリの上流階級は、シャネルの店で高価な服飾品を買いながらも、シャネルがどんなに富裕になろうと「孤児から愛人の援助をきっかけに成り上がった」女を仲間に入れようとしなかったのである。

そんな複雑な人生の成果としてのイノベーションが、20世紀の女性の現実に応え、21世紀に入ってなお輝きを失っていない。

バッグにショルダーチェーンをつけたのは両手を自由に使うため。キルティングはキズや汚れを目立たせないようにするための配慮。ベージュと黒のツートンの靴は、ベージュによって足を長くセクシーに見せながらも、汚れやすいつま先を黒にしたトリック。シャネルスーツの上着の裾に仕込まれた鎖は、手を上げても縦のラインを滑らかに

サー・ウィンストン・チャーチルとシャネル（1921年）

保つため。

リトル・ブラック・ドレス（装飾を最小限にした黒いシンプルなドレス）は、「黒は喪服の色」という当時の通念を転覆する革命モードであると同時に、アクセサリーをつけ替えれば着替えに戻る時間を省いて昼も夜も着続けることができる、という利便性追求の賜物。

本物と偽物をミックスするコスチュームジュエリーは、アクセサリーの可能性を広げると同時に、本物至上主義をふりかざす上流階級の価値観を時代遅れにした。

自由意思を持って働き、自立し、自分自身の尊厳が保たれる価値観を反映したファッションアイテムは、人生を能動的に生きたいと願う女性の定番となった。おびただしい量のコピー製品が市場に出回ることになったが、シャネル自身は、「模倣されるのは本物である証」として動じなかった。

女性の経済的自立などほとんどあり得なかった時代に、孤児だったシャネルは、起業し、世界的な成功を収めた。華麗な恋愛遍歴や社交生活の陰には、別れの苦悩や裏切りによる絶望もあった。自立にともなう孤独感も痛いほど味わったが、それでもシャネルは、自分の人生を自分の望むままに生き、望む男を恋人に選び、着たいと思う服をデザインする、という主体的な生き方を選び、それを貫いた。

波乱万丈の生涯は、それが幸福だったかどうかという俗的な基準すら無意味にしてしまう。人生をまるごと仕事として、あるいは仕事をまるごと人生として生きたその姿勢は、「ワークライフバランス」という議論すら軽く吹き飛ばしてしまう。

シャネルが生きた時代よりも女性ははるかに自由な選択を許されるようになったが、ありすぎる選択肢を前に女性はかえって萎縮し、遠慮あるいは混乱しているように見えることもある。

適度に割り切って仕事をこなし、私生活もほどほどに充実させてのんびりと暮らす、という「幸せ」を目指すことも当然、大切であろう。ただ、仕事もプライベートも融合して、すべてを仕事に還元する覚悟で臨んだ人生の暁には、予期せぬブレイクスルーや、本物のイノベーションが待っていることをシャネルは示唆するのである。

「ショッキングピンク」を発明した
アーティストデザイナー

エルザ・スキャパレリ

Elsa Schiaparelli（*1890〜1973*）

シャネルと同時代に活躍し、一時はシャネルよりも高く評価された時代の寵児であったがゆえに、シャネルが猛烈に嫉妬したのが、7歳年下の**エルザ・スキャパレリ**である。

シャネルが修道院育ちでお針子から成り上がったビジネスウーマンであるとすれば、スキャパレリはローマの裕福な家庭に育ち、芸術家とも協力して作品を創ったアーティスト。シャネルがモノトーンならば、スキャパレリは**ショッキングピンク**。シャネルが活動しやすく、装飾をそぎ落としたデザインを極めたとすれば、スキャパレリはシュールレアルで前衛的なアート感覚で突き抜けた。生い立ち、ファッションに対するアプローチ、ひいては作るものも、まったく対照的であった。だが、二人とも女性を自由にした革命家であった。**シャネルは女性の身体を、スキャパレリは女性の感性を、それぞれ解放した**といえる。

1929年のウォール街大暴落をきっかけに、1930年代は不況期に入る。不況に入ると人々は守りに入る一方、心のどこかでは逃避主義的な傾向が生まれるのだろうか。「ここではないどこか」に向かいたいという願望が、この時代に隆盛した**シュールレアリスム**（超現実主義）のアートに通底しているように感じられる。

芸術界において当時のシュールレアリスムを代表するのは、イタリアのサルバドール・ダリだが、そのダリとも交流のあったスキャパレリは、ダリとの協働でシュールレアルな作品を作る。ポケットが引き出しのようになった「デスクスーツ」や、靴を頭に載せたように見える「シューハット」は、それを着用する女性をアート作品のように見せる。

シュールな発想が実用として定着した例もある。1936年の「ジッパードレス」（ファスナードレス）である。当時、工業用品であったファスナーを服にあしらうのはかなりショッキングなことであり、このドレスは驚きをもって語られたのだが、結果として現在、洋服には不可欠な実用品として何の違和感もなく定着しているのは皮肉なことである。

また、香水「ショッキング」（１９３６年）が当時の社会に与えた衝撃も大きかった。女優メイ・ウエストのボディをかたどったシルエットもさることながら、目の覚めるようなピンクという色がボトル※に使われていた。「**ショッキングピンク**」の誕生である。

※このボトルの形は、のちにジャン＝ポール・ゴルチエが摸倣している。

「あり得ない」ものが与えるショックによって驚きや笑いを引き起こし、心を、ひいては人生を、活気あるカラフルなものへと生まれ変わらせる。

こうした、いわば感性の解放がスキャパレリの目指すファッションだったのだ。実用・機能に徹して女性の身体を解放したシャネルとは目指した

1936年のメイ・ウエスト
（1893～1980年）

方向が違う。

常識を飛び越えて常にセンセーショナルな話題を振りまき、大胆不敵に個性を発揮した時代の寵児スキャパレリは、シャネルのように後継者に恵まれなかったために時とともに影が薄くなっている。

しかし、ショッキングピンクとファスナーの発明者としてばかりでなく、**ファッションとアートを自由奔放に結びつけた先駆者**としても、スキャパレリの功績はもっと高く評価されていい。

母娘の強い絆から作品を創造した

ジャンヌ・ランバン

Jeanne Lanvin（*1867〜1946*）

シャネルとスキャパレリはあらゆる意味で対極にあり、それぞれの極において突出したデザイナーであったが、**穏やかで地に足がついた幸福感のある現実主義を貫く**ことで成功したデザイナーも忘れてはならないだろう。**ジャンヌ・ランバン**である。

ランバンの名は、ファッション史においてはあまりドラマチックに語られることはない。オートクチュールを創始したウォルト、コルセットから女性を解放したポワレ、リトル・ブラック・ドレスのシャネル、ショッキングピンクを生んだスキャパレリなどのように、キャッチーな前置きがつくような功績で有名になったわけではないからである。

デュフォーによるジャンヌ・ランバンのポートレート（1925年）

ランバンは、際立ってセンセーショナルで画期的なモードを提案したわけではない。だが、ほかならぬこの点こそが、ランバンの最大の強みだったのである。

1930年代の大恐慌時代や、それに続く第二次世界大戦のとき、多くのオートクチュールが中断を余儀なくされるなか、ランバンは着実にビジネスを続けることができた。伝統を覆すのでもなく、時代に挑むのでもなく、贅沢や簡素に走るのでもない。**時代の空気を敏感に取り入れた柔軟でバランスのいいランバンスタイルが、女性であることを楽しみながら現実を生き抜きたい多くの女性たちに幸福感を与え、支持され続けてきた**からにほかならない。

ジャンヌは11人兄弟の長女としてパリに生まれた。地元の帽子店に16歳で見習いとして働き始め、「スザンヌ・タルボット」というドレスメーカーで修業を積む。1895年にイタリア貴族であるピエトロ伯爵と結婚、2年後に最愛の娘マルグリートが生まれる。その後、1903年には離婚、ジャーナリストのグザヴィエ・メレと再婚している。

本格的に高級婦人服市場に乗り出すのは1909年のとき。娘（マルグリート）のために仕立てた服が注目を集め、子供のために同じ服をという依頼を受けたのがきっかけである。フォーブル・サントノレの店舗はヨーロッパからの顧客でにぎわう。

厳しい状況のなかでビジネスを続けることができたのは、ジャンヌの仕事に対する姿勢ゆえであろう。ファッション界についてまわる虚飾やふわふわした夢想とは無縁な、堅実な自然体とでもいうべき姿勢。10代の頃から乗合馬車に乗らずに倹約し、人形の服を作ってお金を貯め、大家族の面倒を見てきたジャンヌは、家庭内の固い絆を何よりも大切にし、倹約に努めながら、勤勉に、規律正しく、器用さを発揮して精力的に働いた。

娘マルグリートとの生活のなかから、ジャンヌは香水「**アルページュ**」も開発する。マルグリートがピアノの練習をしていたとき、その音にインスパイアされた作品である。ココ・シャネルの愛人でもあったポール・イリブはアルページュの瓶にイラストを描くが、そこには「母と娘」が刻印されている。母ジャンヌと、愛娘マルグリート（後にマリー・ブランシェと改名）である。

母の娘に対する献身的な愛がビジネスをスタートさせ、娘の成長を見守る過程で歴史に残る香水が生まれた。母と娘の絆がメゾンを成長させてきたという感がある。マルグリートは後にオペラ歌手となるが、ジャンヌの死後、ランバンの店のファッションディレクターを務めている。

21世紀に入り、低迷していたブランドを復活させたのは、イスラエルのデザイナー、**アルベール・エルバス**だった。2001年から2015年までクリエイティブ・ディレクターを務めた。エルバスは「インターナショナル・ヘラルド・トリビューン」紙のインタビューに答えて、実の母から受け継いだ教えとして、「仕事は大きく、生活は小さくシンプルにつつましく」という言葉を披露している。

勤勉で堅実、愛とエネルギーを注ぐエルバスの仕事のスタイルは、メゾンの礎にあるジャンヌの生き方に通底し、幸福感にあふれていた。

その人柄ゆえにモード界を超える多くの人々から愛されたエルバスが退任した後のランバンは、迷走を続けている。

モードのサイクルを作った
クリスチャン・ディオール
Christian Dior（1905〜1957）

フランスのノルマンディ地方の裕福な家庭に生まれた**クリスチャン・ディオール**は、外交官になることを嘱望されていた。パリ政治学院に学んだが、彼自身は芸術に強い志向を持ち、１９２８年、父からの出資をもとにアートギャラリーを開く。そこで、パブロ・ピカソ、マックス・ジャコブら当時のアーティストとの交流を深める。

世界恐慌が原因で、父が資産を失ったことによりギャラリーも閉鎖。その後はロベール・ピゲのためにデザイ

グランヴィルにあるディオールの生家。現在はディオール博物館

ンするなど、ファッション界でのキャリアを着実に積んでいた。

　彼の本領が発揮されたのは、第二次世界大戦後、１９４７年である。前年に自身のクチュールメゾンを開いたばかりであったが、最初のコレクションにおいて、「**コロール**」（花冠）ラインを発表する。

　細く絞ったウエスト、たっぷりと布地を使ったフレアスカートにより「８」の字を作るラインは、第二次世界大戦中に封じられていたフェミニンで贅沢な喜びに満ちあふれていた。大戦中には物資が統制され、一着の服に使用できる布も限られていたのだ。また、フラップ、ドレープ、飾りボタンなど、「実用」に適さないデザインはNGとされていた。

　このように、ふんだんに布地を使うことができる時代がようやく訪れたという喜びを込めて、ハーパーズ バザー編集者のカーメル・スノウが「**ニュールック**」と評した。

　ディオールのニュールックは女性服を一新させ、パリを再びモードの中心地として復興させることに成功した。その後もディオールは、半年ごとに、バーティカルライ

正式には「バー・スーツ」として発表されたものの、カーメル・スノウによる「ニュールック」の呼称で広まったディオールのウェア（１９４７年）

ン、オーバルライン、シニュアスライン、チューリップライン、Hライン、Aライン、Yライン、アローラインなど、続々と新しいラインを作り続けた。
新しいラインが登場することで古いものは「流行遅れ」となり、消費者は次々に新しいラインを買わざるを得なくなる。つまり、ディオールは、このようにして**パリモードのサイクル**を作り上げたのだ。

11年間トップを走り続けたムッシュウ※・ディオールは、休暇先のイタリアにおいて心臓発作で急死する。52歳の若さだった。

ディオール社の主任デザイナーの地位を継いだのは、すでにムッシュウからその才能を見出されて後継者に指名されていたとはいえ、まだ21歳だった**イヴ・サンローラン**であった。

サンローランは重責を跳ね返してディオール亡き後の最初のコレクションを成功させ、「偉大なるフランスの伝統を守った」と称賛される。

ちなみに、ディオールが「復活」させた「8」の字型のフェミニンなラインは、コルセットを着用することで美しく着こなせるラインだった。これに怒りを触発されたのが、当時、スイスに亡命状態だったココ・シャネルである。シャネルの心中を代弁

※ムッシュウ（Monsieur）：
フランス語で、中世では「閣下」を意味したが、現代では爵位を持たない全男性への敬称として使われる。クリスチャン・ディオールに関しては、敬意を込めて「ムッシュウ」のみで呼ばれることも多い。

させていただくならこうなろうか。

「私が女性たちに捨てさせたコルセットをまた復活させるなんて、ディオールのオヤジときたらなんてことを」

あくまで、心中を想像した代弁である。

シャネルはスイスの山から下りてパリに戻り、70歳にして再びデザイナーとしての仕事を再開するのである。1920年代に一世を風靡した機能的なファッションで勝負したシャネルは、ディオール的エレガンス全盛のパリでは不評だったが、経済力をつけた合理主義の国アメリカで高い評価を得た。シャネルは誰もが不可能と見ていた70歳からの第二のキャリアを成功させる。

ディオールは、日本の皇室ファッションを語るうえでも重要な働きをしている。上皇后となられた美智子さまが、ご成婚（1959年）のときに着用されたローブ・デコルテは、クリスチャン・ディオールのデザインによるものである。

戦後のモードをパリから花開かせたディオールは、終戦から10年も経たない1953年に、すでに日本の東京會舘で本格的なコレクションを披露していた。

翌年のコレクションでは京都の老舗、龍村美術織物の生地を使い、日本をテーマにした作品を世界に向けて発表。日仏の友好の証であるそのうちの1点を、ディオールは高松宮妃殿下に贈る。パリのディオール本社にドレスを受け取りに訪れた妃殿下は、その場で、将来、皇太子妃となる方のドレスを3点、ディオールに依頼するのである（詳細は川島ルミ子『ディオールと華麗なるセレブリティの物語』（講談社（2004年））。

ムッシュウ・ディオールはアイデアをスケッチするが、2年後の1957年、心臓発作で急逝してしまう。

その後、ディオール社の主任デザイナーに任命されたサンローランが、ムッシュウ・ディオールのデザインに基づく皇太子妃のドレスを創り上げたのである。

朝見の儀を終えた、皇太子明仁親王と皇太子妃美智子様、および昭和天皇・香淳皇后（1959年４月10日）。
美智子妃のドレスはディオールがデザインし、サンローランが完成させた

使用された生地は、龍村美術織物による渾身の作品、鳳凰と龍の姿が織り込まれた「明暉瑞鳥錦《めいきずいちょうにしき》」である。

ご成婚当日、十二単を着用して行われた「結婚の儀」の後、天皇皇后両陛下に挨拶する「朝見の儀」のために、美智子様はローブ・デコルテに着替えた。和と洋のエッセンスが布の上で優美に融合したフェミニンでモダンなドレスを、美智子様はダイヤのティアラ、ダイヤのネックレスとともにフレッシュに着こなした。ローブ・デコルテの上からケープを羽織り、馬車に乗った皇太子妃、隣で微笑む皇太子の格調高くも幸せな姿は世界中に報道され、日本が自由で新しい時代を迎えていることを国内外に鮮やかに印象づけたのである。

第2章

20世紀モードの発展と成熟
時代が求める人間像を作ったデザイナー

20世紀後半には、世界各地で才能あるデザイナーが登場する。

社会の変化を受け、その時代を生きる人間像がまとうにふさわしい服を作るクリエイターが支持され、彼らが生み出す流行が、時代の流れを後押ししていく。

60年代、70年代、80年代には、それぞれの年代ごとに、世界共通のわかりやすい大きな「トレンド」も存在する。

綺羅星のごとく各地でスターデザイナーが登場するのだが、なかでも、その功績によって社会に革新をもたらしたデザイナーを５人に絞って紹介する。

女性の社会進出と多文化主義を後押しした
高級既製服の始祖

イヴ・サンローラン

Yves Saint Laurent（*1936〜2008*）

２００９年に**イヴ・サンローラン**のドキュメンタリー映画『イヴ・サンローラン（L'amour fou）』が日本でも公開されたことに続き、２０１４年には、フランスで新たに彼の伝記映画が二作続けて公開された。ジャリル・レスペール監督、ピエール・ニネ主演の『イヴ・サンローラン』、そしてベルトラン・ボネロ監督、ギャスパー・ウリエル主演の『サンローラン』である。

前者はサンローラン財団が全面的に衣裳協力しているが、後者はサンローランの闇の部分を赤裸々に描いていることもあって、財団は協力を拒否した。代わりにスタッフが衣装をゼロから作り上げた結果、セザール賞衣裳デザイン賞を受賞することになった。「モードの帝王」と呼ばれるイヴ・サンローランは、その生涯が何度も映画になって飽きさせないという点でも、ココ・シャネルに引けをとらない。

デビューから神がかっている。戦後、モード界で圧倒的に影響力のあったクリスチャン・ディオールに認められ、ディオールが52歳の若さで急死すると、後継者として同ブランドの主任デザイナーに就任する。アルジェリア生まれの内向的な青年は、そのとき、わずか21歳。コレクションは大好評を博し、新聞は第一面に「イヴ・サンローランはフランスを救った」とまで書いた。

その後、アルジェリア戦争に徴兵され、戦場に適合できずに精神病院に収容され、ショック療法を受けたりもした。ただでさえ繊細な神経の持ち主であるうえに、母国と闘わなければならないとなれば、それは精神的に参るのも当然だろう。そんなサンローランを救い出したのが、公私にわたり生涯のパートナーとなるピエール・ベルジェだった。

ベルジェの資金援助により自身のブランドを設立してからは、サンローランは本領を発揮する。モードの歴史に語り継がれる功績を積み上げていくのである。

前衛的だった若者スタイルを洗練させた**ビートニク・スタイル**。抽象画のモチーフをワンピースに取り入れた**モンドリアン・ルック**。狩猟用の服にヒントを得たユニセックスの**サファリ・ルック**。軍服を取り入れたピーコート。日本の印籠から発想を得たケースに入った香水「**オピウム**」……。

モードの外にあった要素を巧みに取り入れ、斬新なスタイルとして表現することにおいて、サンローランは天才的な才能を発揮していたことがわかる。

その集大成ともいえるのが、1966年に発表した「スモーキング」こと、**タキシード・ルック**である。男性が着るタキシードを女性用に仕立てたパンツスーツである。社交の場で女性がパンツスーツを着るのはまだタブーとされた時代であったが、タキシード・ルックにより、女性のパンツスタイルが一

女性の服装におけるタブーの一つを打破した「タキシード・ルック」（1966年）

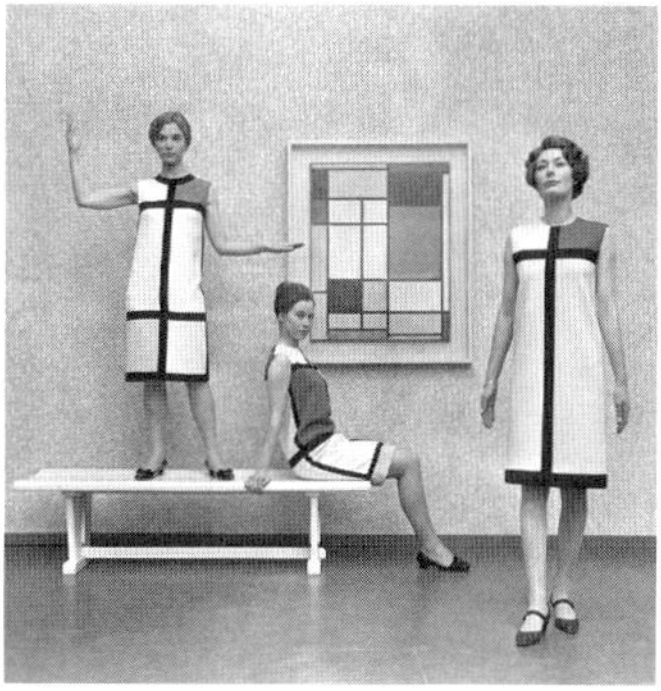
モンドリアンの抽象画からヒントを得た「モンドリアン・ルック」（1966年）

気に普及する。

そのような**ファッションの変化が、女性の社会進出を後押しした**。「シャネルは女性に自由を与えたが、僕は女性にパワーを与えた」とサンローラン自身が語っている。男女平等だけではなく、**多文化主義**もファッションの力で推し進めた。有色人種のモデルを初めてランウェイに歩かせたのは、サンローランである。その理由がいい。

「黒人は美しくセクシーだ。ぼくの服を着てほしいと思った」

社会のバランスに配慮して有色人種モデルを起用したのではなく、審美眼を持つデザイナーが、ただただ美しいと思ったから歩かせた。その結果、社会が有色人種の美しさに気づき、多文化主義が進んだのである。「**ファッションが社会を変える**」本質的な力が、まさにここにおいて光り輝いている。

私が最も愛するサンローランのショーは、1998年、FIFAワールドカップの決勝戦直前にサッカースタジアム（Stade de France）で行われたショーである。五大陸から、肌の色も髪の色も違うそれぞれに個性的な300人のモデルが集まり、サンローランの300着のドレスやスーツをまとい、ラベルの名曲「ボレロ」に合わせて会場を歩く。最後は、スタジアム中央に描かれた「YSL」のロゴの上に300人が立つのだ。「ボレロ」のドラマチックなラストと300着のサンローランのドレスやスーツを着た300人のモデル、そしてYSLのロゴがぴたりと重なるフィナーレは何度見ても鳥肌が立つ。サンローランがファッションによって五大陸の人類を統合した瞬間に見える。

ショーの後に行われたワールドカップ決勝戦では、フランスが勝利した。

繊細な天才、サンローランの偉大な活躍の影には、常にピエール・ベルジェの献身的な愛と理性的な経営があった。二人は1966年、「イヴ・サンローラン」の**プレタポルテ**（既製服）ラインとして「イヴ・サンローラン　リヴ・ゴーシュ」（左岸のイヴ・サンローラン）をセーヌ川の左岸に開く。右岸にはエルメスがある。保守層が好む地域である。左岸にはアーティストや文学者などが住み、前衛的で時代の先を行く雰囲気があった。この左岸を選び、時代の先がけとなる高級既製服の店舗を開いたわけである。

サンローランのミューズ（創作のインスピレーションの源となる女性）、すなわち、フランス公爵の娘であるルル・ド・ラ・ファレーズ、アングロ・アイリッシュのベティ・カトルー、女優カトリーヌ・ドヌーヴらがモデルとして立ち、個性的な強さを持つ美を称揚するサンローランの世界観を伝えることに貢献した。ドヌーヴは映画『昼顔』でもサンローランの衣装を着用、その後長くサンローランのイメージ広告のモデルを務めた。

ミューズをはじめ華やかな有名人たちとの交友、ベルジェが支えるビジネスの成功、デザイナーとしての輝かしい名声の陰には、実はサンローランの深い心の闇があった。創作活動が進まないときは、酒とドラッグに重く依存し、男たち（サンローランはゲイであった）との束の間の情事におぼれ、さらなる深い闇に落ちていく。

それでもベルジェはサンローランを見捨てることなく、最後まで彼を助け、クリエイションとビジネスを支え続けたのである。彼の人生を変え、ひいてはファッション史を、社会史を書き換えたのは、ベルジェとの幸運な出会いだった。ベルジェのマネージメント能力と深い愛情なくして、サンローランはこれほどの才能を発揮できなかったであろう。

２００８年、パリで行われたサンローランの告別式には、サルコジ大統領をはじめ８００名が参列した。「20世紀モードの帝王」の葬儀の模様は、世界中のマスコミで報道された。

サンローランは、女性の服装におけるタブーを破り、女性に「パワー」を与えて社会進出を後押しし、さらに人種の壁を超越した美しさを称揚することによって多文化主義を先導した。この功績は、紛れもなく、社会変革をもたらした一大イノベーションである。

ミニスカートの発明により
「若者革命」を先導した

マリー・クワント

Mary Quant（*1930〜*　）

1960年代、「**スウィンギング・ロンドン**」は労働者階級の若者を中心とするポップカルチャーの震源地だった。ロック、映画、写真、アート、演劇、そしてファッションの領域に続々とスターが登場し、熱狂のうちに世界を変えていった。ビートルズはその筆頭格である。

マリー・クワントは、イギリスのケント州生まれ。ロンドン大学ゴールドスミス・カレッジでイラストを学び、夫アレキサンダー・パンケット・グリーンらとともに1

1966年のマリー・クワント

955年、「バザール」を開店する。1957年に2号店を開くが、ショップデザインを担当したのは、テレンス・コンランだった。翌年から、ストリートからヒントを得た**「キンキーな」（刺激的な）ミニスカート**を売りだしたところ、爆発的に流行し、本人もファッションアイコンとして時代の寵児になる。

ミニスカートを着用するとなれば、タイツが必要となる。またヘアメイクもこれまでと同じというわけにはいかない。部屋のインテリアも古くさく見えてくる。

ということで、クヮントはミニスカートから出発し、タイツや下着、靴下、帽子、インテリア小物、コスメティクスに至るまでデザインや開発を手がけ、ビジネスを拡大した。

なかでもクヮントが開発した**ウォータープルーフのマスカラ**（汗や涙、水などに強く落ちにくい防水マスカラ）は、女性たちの奔放で大胆な行動を促した。泳ぐときも常に顔を水面に上げておく必要はなく、自由に泳ぐことができる。泣いても落ちないので感情も解放できる。また、シャワーを浴びても落ちないので、出先で急にシャワーを浴びることになっ

アメリカ、ケネディ空港で熱狂的な歓迎を受けるビートルズ（1964年）

ても慌てなくていい。たかがマスカラといえど、侮りがたし。

　この防水マスカラが、女性の欲望を肯定し、自身を解放する快楽に目覚めさせ、やがてこれまで女性を縛っていた男性中心の社会を打ち壊す動きへとつながっていくのである。

　髪型で、この動きを援護したのは、**ヴィダル・サスーン**（1928～2012年）である。ヴィダル・サスーン考案によるセット不要のボブカット、5カ所にポイントを作る「ファイブ・ポイント・カット」は、クワントのミニスカートと抜群に相性がよかった。

　60年代前半は、女性たちは長い髪をアップにし、崩れないようヘアスプレーで固めていたのである。頻繁に美容室に通わねばならない、手のかかる髪型だった。しかしサスーン・カットは、カットだけでスタイルが決まるので洗って乾かせばスタイルが完成する。スプレーで固定する面倒もなく、むしろ身体の動きに応じてスウィングするのが魅力的だった。

ヴィダル・サスーン（1928～2012）
美容業界に革命を起こした

まさにスウィンギング・ロンドンの象徴である。

ウォッシュ・アンド・ゴーの楽なヘアによって、女性は「お泊り」のハードルが低くなり、結果として性革命を促すことにつながった。サスーンは美容業界にも革命を起こし、自分の名前を冠したヘアケアブランドを展開、美容師の社会的地位も格上げした。


「既存のルールを壊すと力が湧いてくる」と語り、悪びれず喜々としてタブーを破り続けた先駆者、マリー・クワントは、1966年、外貨獲得の貢献に対してビートルズとともにエリザベス女王から第4等英国勲章（OBE）を受勲した。

さらに、2015年にはイギリスのファッションに貢献したことに対して大英帝国2等勲章（DBE）を受勲し、デイムの称号（イギリスにおいて上位2等級の受勲者につけられる敬称）を得た。

クワントは「すべてを変えた」と評されるのだが、変えたのは服だけではなく女性のアティテュード（態度、考え方）、ひいては行動、ついには社会であった。ファッション史の流れも変えた。上流階級からストリートへ「下りて」くる流行ではなく、**ストリート発の流行**を上流階級に模倣させた。

アンドレ・クレージュ（1923～2016年）がパリでミニスカートを発表したのは、1964年である。パリモードの世界においてはたしかにクレージュが最初であったが、ロンドンのストリートには、1950年代終わり頃にクヮントのミニスカートがいち早く登場していた。

ちなみに、日本においては10月18日が「ミニスカートの日」とされている。ミニスカートのアンバサダーだった、**ツイギー**が1967年に来日した日である。小枝のように細い（twiggy）ツイギーは、本名をレスリー・ホーンビーという。胸はぺたんこ、少年のようなショートヘアで大きな瞳をより強調するアイメイクを施したツイギーは、ミニスカートをこの上なくクールに着こなし、ふくよかな曲線美という従来の女性美の理想を覆した。

衝撃を受けた女性たちは、ミニスカートを購入するために百貨店へ走った。服だけ替えてもちぐはぐになるので、靴やタイツ、さらにはバッグ、コートも新たに購入し、

アンドレ・クレージュによる
アンサンブル（1965年）

それが似つかわしくなるように美容院でヘアを短くした。ダイエットも始めた。その経済効果は推して知るべし、ミニスカートが景気を押し上げる多大なる貢献を果たした記念すべき日となったわけである。

イギリスの労働者階級出身のクヮントが、社会が押しつける枠に当てはまらない自分の等身大の楽しさとやりがいを求め、自己流でミニスカートを売り始めた。ミニの美学は美容業界においても一大革命をもたらし、化粧品や下着の変化ももたらし、さらに女性の理想的ボディラインまで一変させた。

形の変化は、女性が社会に向き合う態度も変え、ひいては、社会そのものの変化を促した。勢いは日本にも飛び火して多大な経済効果をもたらした。

そんなクヮントを大学の卒業論文に選んだ私は彼女に手紙を書き、資料一式を送ってもらったことがある。35年以上も前、インターネットなど想像も及ばなかった時代のこと。まだ20代の初めの異国の見知らぬ大学生にもクヮントは寛大に対応し、航空便で会社の資料やカタログなどをどっさり送るという形で研究を激励してくれたのである。私のその後のキャリアの原点は、このときの感激にある。

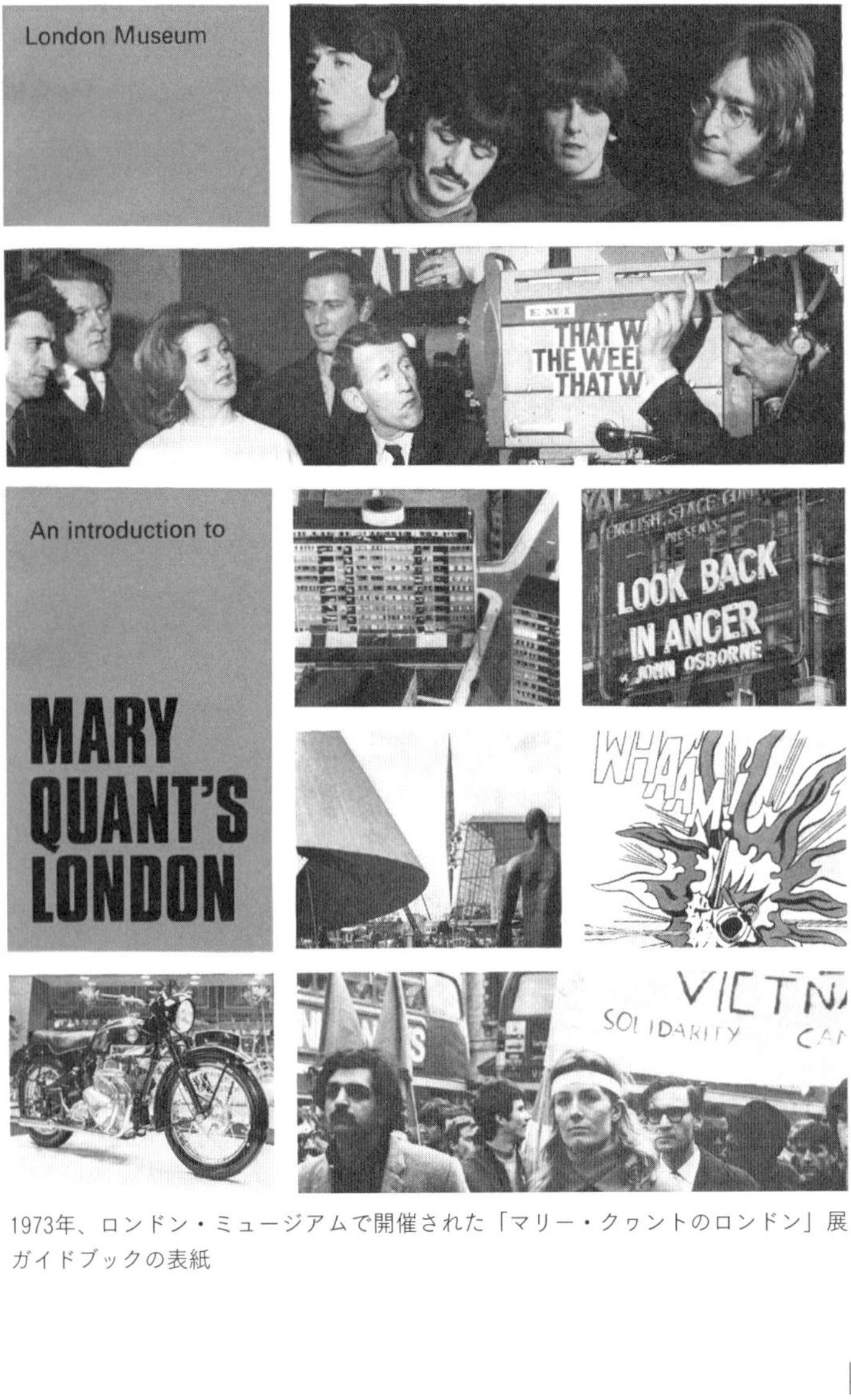

1973年、ロンドン・ミュージアムで開催された「マリー・クヮントのロンドン」展ガイドブックの表紙

破壊と創造で世直しを続ける
イギリスの文化的アイコン

ヴィヴィアン・ウエストウッド

Vivienne Westwood（1941～　）

マティア・パッセリ撮影による
ヴィヴィアン・ウエストウッド
（2008年）

ヴィヴィアン・ウエストウッドは、若い世代においては、王冠と地球をモチーフにしたオーブ（宝珠）のマークがつく財布やアクセサリー、あるいはマンガ「NANA」によって広く知られている。

創始者、ヴィヴィアン・ウエストウッドはファッションデザイナーであり、独立した会社の所有者にして経営者であり、時代を挑発する活動家であり、情熱的で率直なパーソナリティで人々の注目を浴び続ける英国文化のアイコンであり、それらすべてを兼ね備えるゆえに**イギリスファッション界の女王**として君臨する。

彼女の名が初めて世界にとどろいたのは、１９７０年代。当時のパートナー（二度目の夫）、マルカム・マクラーレンとともにロンドンのキングスロードからパンクムーブメントを起こした。

挑発的なメッセージTシャツに安全ピン、チェーンや鋲を多用した装飾、攻撃的なヘアメイクなど、ヴィヴィアンが創るパンクスタイルは時代の象徴となる。マルカムがプロデュースしたバンド「セックス・ピストルズ」も、過激さゆえに放送禁止になり、放送禁止ゆえにヒットチャートの上位に輝いた。その結果、彼女は「パンクの女王」と異名をとる。

ちなみに、それ以前のヴィヴィアンは、夫、子供と暮らす美術教師だった。彼女の姓「ウエストウッド」は、最初の夫との結婚で得た姓である。ついでながら、最初の夫との間に生まれた息子ベン・ウエストウッドは現在、エロティカの写真家であり、マルカムとの間に生まれた息子ジョセフ・コーレは、セクシーなランジェリーブランド「エイジェント・プロヴォケター」の創業者である。

１９８０年代、パンクも商業主義に取り込まれて観光絵葉書のモチーフとなり、マ

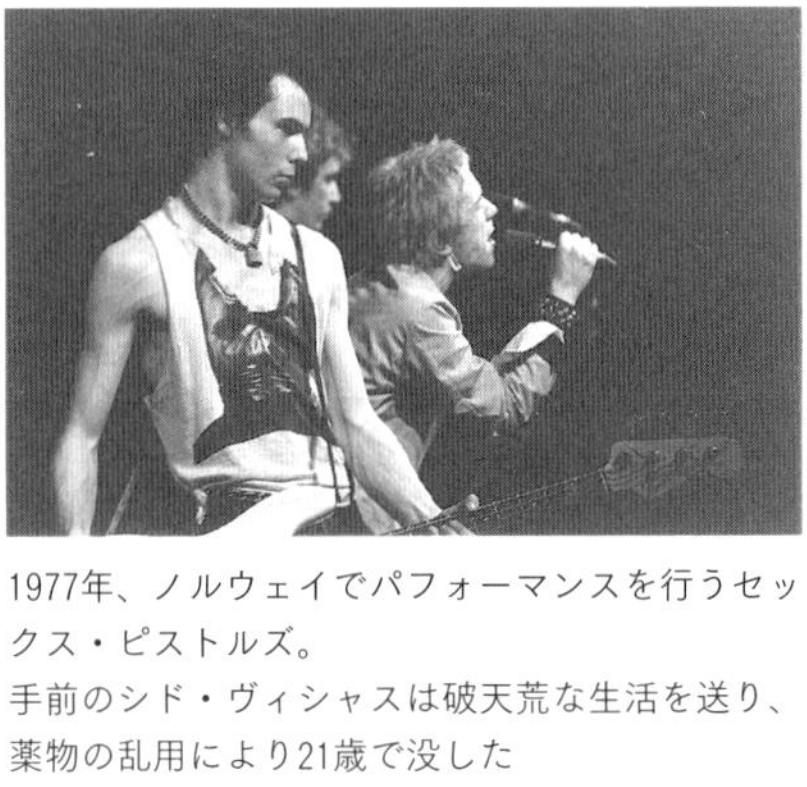

1977年、ノルウェイでパフォーマンスを行うセックス・ピストルズ。
手前のシド・ヴィシャスは破天荒な生活を送り、薬物の乱用により21歳で没した

ルカムとの関係を解消してからは、ヴィヴィアンは**歴史に着想を得た本格的な服作り**に取り組み、モード界に進出する。当初は批判や嘲笑も多かったが、功績は否定しようもなく、女王陛下から二度も勲章をもらい、男性の「ナイト」に相当する「デイム」の称号を与えられた。90年代には英国の「今年のデザイナー」賞も2年連続で受賞し、2006年に三度目の受賞を果たした。ヴィクトリア&アルバート美術館では大々的な回顧展も行われた。

商業ベースでは保守層・上流階級からも支持を得ており、とりわけ、**かすかな皮肉やユーモアがスパイスとなっているエレガントな服作り**において、ヴィヴィアンは定評がある。

2008年には　ロンドンのキングス・カレッジのアカデミック・ドレスをデザインしたほか、映画版『セックス・アンド・ザ・シティ』では主人公のキャリー・ブラッドショーが自身の結婚式用に選ぶドレスを提供している。2009年には王室メンバーであるカミラ

ヴィヴィアン・ウエストウッドがデザインしたロンドン・キングスカレッジのアカデミック・ドレス（2015年）

夫人がヴィヴィアンの服をロイヤルアスコット（英国王室が主催する競馬イベント）で着用して注目を集めた。

となれば、堂々たる「権威」なのだが、デイム・ヴィヴィアン・ウエストウッドは決して保守に回らず、行動や発言で世間を騒がせ続け、近年はむしろ環境保護のための活動をしたり、企業の広告・宣伝を批判したり、緑の党を応援したりするエネルギッシュな社会活動家としての勇姿がニュースをにぎわせている。戦車に乗って首相官邸に抗議に行ってしまうほど、70代後半になろうと、「落ち着く」気配はない。

2018年に公開されたヴィヴィアン・ウエストウッドのドキュメンタリー、『ヴィヴィアン・ウエストウッド：最強のエレガンス（"Westwood: Punk, Icon, Activist"）』は監督のローナ・タッカーが3年以上にわたりヴィヴィアンの生活のあらゆる面に密着して撮り上げた力作で、過去2本のヴィヴィアンに関するドキュメンタリーをはるかに凌駕する濃密な作品になっている。

このドキュメンタリーでは、そんなヴィヴィアンを取り巻く生々しい現実が描かれる。二人目の夫、マルカム・マクラーレンがヴィヴィアンの成功をねたみ、足を引っ張り続けていたこと。経済状態が一時破綻していたこと。批評家がこきおろし、テレビの聴衆があざ笑い続けてきたこと。コントロールできていない社内事情があること。現在は社会活動に忙しいヴィヴィアンに代わり、三人目の夫であるアンドレアス・クロンターラー（25歳年下で、元教え子）が主にコレクションを担っていること。こんな赤裸々に公表して大丈夫なのかと観ているほうはハラハラする。

同時に、**ぬるま湯の安定に決して収まろうとせず、批判や嘲笑は意に介さず、困難から逃げず、不器用に立ち向かいながら自分本位を貫き、間違った社会や政治に対して異を唱え続ける**ヴィヴィアンの潔さと若さに、魅了され、勇気づけられる。

パンクの始祖、ファッションデザイナー、ビジネスウーマン、社会活動家、シングルマザー、25歳下の夫を持つ妻。そして一人の女性。たくさんの「顔」を持つヴィヴィアンだが、その行動の芯にある哲学は１９７０年代から変わらず一貫している。

まずは、**Do It Yourself**。自分で考え、自分のやり方で行うということ。そして、**Destroy to Create**。現実に不満があれば、それを破壊し、破壊しながら新しいものを創り出すということ。「パンク」は破壊ばかりが目につくが、実は裂いた布地を自分で安全ピンを用いて留めたり、自分でＴシャツにペイントしたりと、ＤＩＹによる創造が必ず後に続くことに注目したい。パンクは、クリエイティブとセットになっているのである。その後の活動にも、「**自分のやり方で創造せよ**」というメッセージが一貫して流れている。

これからも、彼女は成熟など素知らぬ顔で、そのとき、そのときに新しく生まれる自分の感覚に正直に、やりたいことを全部やっていくのだろう。

イアン・ケリーが著した『ヴィヴィアン・ウエストウッド自伝』のなかに、ヴィヴィアンのこんな言葉が紹介されている。

「**私がファッションに携わる唯一の理由は、『conformity（みんなと同じ）』という言葉を撲滅するためよ**」

ヘアピンの位置まで「みんなと同じ」リクルートスーツを着て無表情に歩く20歳そこそこの日本の就活生の集団を目にしたら、ヴィヴィアンにはどのような破壊&創作欲が湧いてくるだろう。

2017年6月にロンドンコレクション・メンズのフロントロウでヴィヴィアンを間近に見る機会に恵まれた。モデルの一人に肩車されて登場したヴィヴィアンは、思ったよりも小柄だったが、瞬間を最大限に生きている人の歓喜に輝いていた。ヴィヴィアンに感化された観客が大歓声を浴びせ、そんな観客のエネルギーも巻き込んで神がかっていくヴィヴィアンに鳥肌が立ったものだった。

数多くのコレクションにおいて、ヴィヴィアンは一度たりとも同じ服を着ておらず、一度たりとも同じイメージがなく、常に過激で、観客を落ち着かない気持ちにさせる。圧倒的な熱狂で観客を高揚させ、これが本気で生きている人間の姿なのだと見せつけ、過去の栄光にひたることなく、ひたすら前進していくのである。

このデザイナーの生き方そのものが、ステレオタイプへのたゆまぬ抵抗として、人間像の革新になっている。

2017年６月、ロンドンコレクション・メンズ
（筆者撮影）

時代にふさわしい
男性像、女性像を作った

ジョルジオ・アルマーニ

Giorgio Armani（1934〜　）

優れたファッションデザイナーとは、服よりもむしろ、**時代が求めている人間像をデザインする力**のある人のことである。**ジョルジオ・アルマーニ**は、まさにその一人である。20世紀において、男性像、女性像の両方に大きな変革をもたらした。

アルマーニは1975年に41歳でジョルジオ・アルマーニ社を設立した。医学部で人体構造を学んだ経験を活かし、**メンズスーツに革命**を起こす。固い芯地で鎧のように男性を武装させていた従来のスーツの構造を解体し、艶やかで柔らかな素材を使い、芯地のない**アンコンストラクティッド**（unconstructed：堅牢な構築物ではない）と

2019年5月来日時のジョルジオ・アルマーニ（アルマーニ銀座タワーの前で）

いう製法のジャケットを世に出した。

着る人の骨格の動きを流麗に見せるスーツは、映画『アメリカン・ジゴロ』（1980年）で主役のリチャード・ギアの衣装に採用され、アルマーニのスーツは社会現象にまでなった。官能的なアルマーニのメンズウェアを身に着けたギアは新たな時代を象徴する男性像となり、1980年代の男性は、**個性やセクシーさを表現する**ことを楽しみ始めた。

一方、80年代は女性の管理職やトップが活躍し始めた時代でもある。イギリス初の女性首相マーガレット・サッチャーが登場したのも、まさにこの時代。アルマーニはメンズウェアで成功した手法を女性服に応用し、女性に優雅な貫禄と威厳を与えるスーツを作った。それまでは女性が着る仕事服といえば、有能な秘書に見えるようなワンピースやアンサンブルがほとんどだった。だが、彼が上質な素材で作る**高級テイラードスタイル**は、女性の品位とトップの威厳を両立させるもので、服により自信を得た女性は、より高いステージで活躍の場を広げた。

このようにアルマーニは、常に時流を先導し、男女双方の願望を後押しするような作品を創造してきた。

また、彼はビジネスマンとしても手腕が高く評価されている。

1990年代に起きた**ラグジュアリーブランドの買収戦争**に巻き込まれることなく、主任デザイナーにして経営者（単独株主の代表取締役社長）という立場を守り抜いてきた。そのうえで会社をインテリア、レストラン、ホテルなど幅広い分野をカバーするトータルライフスタイルブランドに育て上げたのだ。

デザインと経営、双方のキャリアを築いた背景には、一つの別れがあった。公私ともにパートナーだった10歳年下のセルジオ・ガレオッティを失った経験である。彼はアルマーニとともにブランドを立ち上げ、経営や対外的な仕事を担っていたが、1985年に40歳の若さで他界した。支えを失ったアルマーニは絶望し、しばらく引きこもる。

だが、デザイナーにして経営者という二つの顔を兼備して再出発するのである。

その後はクリエイティブな才能を戦略や財務の分野にも発揮し、独創的な宣伝戦略を展開していった。前述の『アメリカン・ジゴロ』の話にしても、映画に衣装を提供するという手法をいち早くとった**広報戦略**である。現在ではごく一般的に行われている「**セレブリティ・エンドースメント**（有名人お墨つき＝アカデミー賞授賞式などに出席するスターに自社の衣装を着てもらう宣伝手法）」は、アルマーニの発想に端を発している。サッカー選手のイングランド代表チームのスーツを2回デザインしていることをはじめとし、オリンピックでのイタリアチームのユニフォームを作るなど幅広くスポーツ界にも貢献している。サッカー選手が**スタイルアイコン**※になりうることにいち早く注目し、他のブランドに先駆けてサッカー選手のスーツを作った慧眼《けいがん》には驚かされる。

時代を見抜き、行動を起こす俊敏さの例は枚挙にいとまがないが、なかでも特筆すべきは慈善活動である。まだいまほど「**CSR**（＝Corporate Social Responsibility：企業の社会的責任）」や「**SDGs**（＝Sustainable Development Goals：持続可能な開発目標）」が声高にうたわれていなかった時代から、アルマーニは、エイズ対策支援をはじめ、医療・教育機関への支援を中心に、多岐にわたる慈善活動を精力的に行ってきた。

東日本大震災の直後にも、日本に捧げるプリヴェ・コレクション（オートクチュールのコレクション）をいち早く発表し、日本を力強く励ました。震災孤児への経済的支援も行った。そんなスマートな慈善の流儀が、彼を尊敬に値する大物へと押し上げてもいる。「**BMI**（＝Body Mass Index：肥満度を表す体格指数）が18以下のモデルは使わない」という決定をいち早く下したのもアルマーニである。

絶望に立ち向かって運命を切り開き、数々のアイデアで人々に影響を与えてきたア

※スタイルアイコン（Style Icon）**：**
映画やCM、公私にわたる言動などを通じて大衆に常に存在感とファッションが意識されている人のこと。

ルマーニ。2019年5月に来日した際、東京国立博物館表慶館でのショーの前日には、記者会見を行った。「プライベートライフは、ない。お楽しみは、ごく少しだけ」「一つだけ願いが叶うなら、不死身になりたい」と語るほどアルマーニが仕事人間であることを改めて納得したのだが、何よりも私が心打たれたのは、アルマーニの態度そのものであった。

記者たちの多様な質問に対して、およそ60分の会見の間、当時84歳のアルマーニは、美しい姿勢を保って立ったまま、丁寧に話し続けたのである。若いスタッフたちが疲れて座り始めたというのに。驚異の体力というよりもむしろ、美意識の高さと意志の強さ、そして記者たちへの敬意とサービス精神が伝わってきた。

今も記憶に残るのは、「強い男とは、自分が強いということをあからさまに見せない男」という名言と、「**ネイビー**」という色をアルマーニが最も好む理由である。

ネイビーブルーは、人との正しい距離感を作ってくれる色だ、とアルマーニは語るのだ。拒絶せず、オープンで、しかし、なれ

「2020年クルーズコレクション」が披露された会場、国立博物館表慶館にて（2019年５月）

2019年５月、銀座アルマーニタワーで行われたアルマーニのプレス会見

なれしくなるほどには近づかない。紳士的態度を保つことができる色、それがネイビーブルーであると。媚びず、群れず、拒絶もせず、紳士的に開かれているという好ましいノンシャラン（無関心）を自然に演出できる色として、アルマーニ自身が常にネイビーブルーをまとっている。

時代が求める男性・女性それぞれの理想像をファッションによって作り出し、結果として時代の流れに強い輪郭を与えるイノベーティブな仕事を成し遂げた。さらに40年以上にわたり、ブランドコングロマリットの傘下に収まることなく、独立したブランドとして第一線で文化的・社会的にも影響力を発揮し続ける。

その偉業の秘訣は、「生きる意義は、ミステリー。ただ在るだけ」とまるで禅僧のように人生を達観しつつも、厳しくエレガントに仕事に向かう、ストイックな姿勢そのものにある。そうしたアルマーニの在り方そのものが、人間が意志と努力によって到達しうる一つの理想の姿として、私たちを魅了する。

「アメリカの上流階級」という
幻想を創出した

ラルフ・ローレン

Ralph Lauren（*1939〜*　）

テニスの世界大会のなかでも最も伝統と格式を誇るイギリスのウィンブルドンの大会で、2006年からボールボーイや審判のユニフォームをデザインしているのが、**ラルフ・ローレン**である。アメリカのブランドであるが、「古き良きイギリスの伝統」を感じさせるクラシックなユニフォームを作らせたら、右に出る者はない。

実は「古き良きイギリスの伝統」なんて、いまではすっかり幻想にすぎない。そこに夢のある形を与え、観客とファンタジーを共有すること。ここに、ラルフ・ローレンの真骨頂があるのだ。

ブランドの創始者、ラルフの出身はニューヨーク市北部のブロンクス地区で、本名はレイフ・リフシッツ、父はユダヤ人移民のペンキ職人であった。高校卒業の記念アルバムに、将来の夢として「百万長者（millionaire）」とだけ書いたという。

大学を中退後、アメリカントラッドの老舗、ブルックス・ブラザーズにネクタイを売り込んだことを契機にファッションビジネスに参加、１９６７年に「**POLO**」（ポロ）を発表した。

ポロは、イギリスの紳士階級がたしなむ優雅なスポーツ。富裕層はいても貴族という存在がなかったアメリカ人にとって、イギリスの上流階級のライフスタイルの象徴でもあるポロのイメージは、経済的な成功と洗練されたライフスタイルの象徴として機能した。

ラルフが売ったのは、上質なタイというモノではなく、階級制なきアメリカにおける「**アメリカの上流階級**」というファンタジーだったのだ。**実態があいまいなその夢に形を与え、市場に持ち込み、成功させた**のがほかならぬラルフ・ローレンである。**デザイナーではなく、コンセプター**。彼自身が「アメリカの上流階級」のコンセプトを伝えることで、すなわち、その着こなしや立ち居振る舞いや行動のモデルとなることで、人々の憧れをかきたてた。

ブランド50周年を大々的に祝ったラルフは、「フォーブス」が発表する富豪リストにも名を連ねて高校時代の夢を叶えたばかりか、高級クラシックカーのコレクターとしても有名である。

サルコジ元フランス大統領からはレジオン・ドヌール勲章を受け、さらに自社のマーケティングとコミュニケーションを担当する息子のデイヴィッド・ローレンがブッシュ元大統領の姪と結婚するなど、堂々たるアメリカの上流階級の一員として振る舞っている。自らの夢と人々のファンタジーに形を与えながら、いまも「アメリカの伝統」を創り続けているのである。

２０１９年6月には、チャールズ皇太子よりアメリカのデザイナーとしては初めて名誉最優秀英帝国勲章「ＫＢＥ（Knight Commander of the Most Excellent Order of the British Empire：ナイト・コマンダー）」を受勲した。バッキンガム宮殿で皇太子らと写真に納まるラルフ・ローレン・ファミリーの姿は、「貴族」然とした風格を漂わせていた。ファミリーが並んで微笑む写真は、ブロンクス出身のレイフ・リフシッツが、自身のアメリカン・ドリームだけでなく、アメリカの上流階級という幻想をファッションの力によって現出させてしまったことを感慨深く見せつける。

第3章

モードの多様化と、その行き詰まり
ブランドが抱える後継者問題

1970年代、80年代には多くのブランドが勃興した。デザイナーの強い個性を基盤に、好景気に後押しされ、自由でイマジネーション豊かな表現が花開いた。**モード多様性の時代**である。

現在、当時の創業者たちが70歳代、80歳代を超えている。現役でエネルギッシュに働き続ける創業者もいるが、引退の希望を表明したり、生涯を閉じることになったりするデザイナーも出てきた。遅かれ早かれブランドが直面するのは、**後継者の問題**である。

この章では、モードの多様化と後継者問題を視点に入れつつ、６人のイノベーターを紹介する。

軽やかに過激に越境する

ジャン＝ポール・ゴルチエ

Jean-Paul Gaultier（1952〜　）

パリといえばモードの都と讃えられ、パリコレクションには世界中からデザイナーが集まる。実は、その地で活躍する著名なデザイナーは外国出身者が多い。パリ出身で、しかもパリのクチュールの訓練を受けた有名デザイナーとなると、ごく少数となる。**ジャン＝ポール・ゴルチエ**は、その少数派の代表格である。

１９７０年、ピエール・カルダンの助手としてキャリアをスタートした。１９７６年に初めて自身の名を冠したコレクションを発表して以来、「アンファン・テリブル（恐るべき子ども）」の異名をとり、モードの最先端を駆け抜けてきたスーパースターである。男と女、古典と未来、フォーマルとエスニック、下着とアウターなどの境界を

2006年の
ジャン＝ポール・ゴルチエ

自由に取り払い、遊び心に富んだダイナミックな作品を50年間にわたり創り続けてきた。

現在のトレンドとして「ジェンダーフリー」ないし「ジェンダーニュートラル」という言葉が頻繁に聞かれるが、ゴルチエはすでに30年前から男性に凛々《りり》しくスカートをはかせていた。「**男性にはスカートをはく自由がある**」と公言している。

ショーのモデルも個性派ぞろいで、老人、肥満した人、タトゥーやピアスだらけの人などを起用し、賛否両論を巻き起こしながらも、多様な人間像を讃える姿勢がいっそう彼のファンを増やした。「**多様性と包摂**」（多様性を容認し、誰も排外することなくソサエティのなかに包み入れよう）のトレンドを40年近くも前に先取りしていたデザイナーといえる。

彼が賞賛する女性たちも、ステレオタイプな女らしさから超越している。メキシコの画家フリーダ・カーロや、パンクロッカーのベス・ディットー、ダンサーのディタ・フォン・ティィースなど、強烈な個性で突き抜ける妖しい魅力の持ち主ばかりである。

なかでもマドンナとの相性は抜群で、彼女はゴルチエに依頼した三角錐型のブラジャー、「**コーンブラ**」がついた下着風コスチュームをステージで着たが、この近未来的な衣装は、ボディコンシャスが流行した１９８０年代を象徴するアイテムとしてフアッション史に輝き続けている。

日本とも関係が深く、1978年に現在のオンワード樫山から支援を受けている。ゴルチエにとってオンワードは「ファミリーのような存在」（「WWD（Women's Wear Daily/ウィメンズ・ウェア・デイリー）」2019年9月25日付ウェブ版インタビュー）で、2019年には東京・代官山にあるオンワード所有の施設、KASHIYAMA DAIKANYAMAで、彼が生み出してきた作品を振り返る企画展「エクスパンディング・ファッション・バイ・ジャン＝ポール・ゴルチエ」が開催された。

2015年には、プレタポルテ（高級既製服）部門から惜しまれながら撤退したが、その後、ゴルチエはセブン・アンド・アイ・ホールディングスと契約を結び、同社のプライベートブランド「セット・プルミエ」のゲストデザイナーとして協業した。2シーズンのみであったが、ユーモアのあるデザインにゴルチエらしさを感じさせながら、**モードとスーパーマーケット衣料の壁を取り払う**手腕を見せた。

幼少時よりエンターテイメントに対する関心が強く、13歳のときに、ファッションデザイナーの恋模様を描く映画『偽れる装い』（1945年フランス映画）を見てデザイナーを志したというだけあって、映画や音楽界での仕事も多い。

アメリカのミュージシャン、マリリン・マンソンのアルバムのための衣裳やマドンナのツアーのための衣裳を制作しているほか、日本のTHE ALFEEのライブとゴルチエのファッションショーが融合したイベントツアー「THE ALFEE with Jean-Paul Gaultier ツアー」（1989年）を行ったりするなど、枚挙にいとまがない。

映画の衣装ではフランスの映画監督、リュック・ベッソンの『フィフス・エレメント』やイギリスの映画監督、ピーター・グリーナウェイの『コックと泥棒、その妻と愛人』、スペインの映画監督、ペドロ・アルモドバルの『キカ』など、80年代カルチャーを代表する監督と仕事をしている。2018年には自身の半生を描くミュージカル『ファッション・フリーク・ショー』を公演した。

王道を行くパリのエレガンスを壊し、前衛的なストリートスタイルで驚かせる。優雅なパリジェンヌのイメージを裏切る女性像で魅了する。アウターとインナー、ハイ&ロー、男と女、聖と俗、フォーマルとカジュアル、エンターテイメントとファッション、ゴルチエの手にかかれば境界など無意味になって、融合する。

軽やかに楽しげに越境し、結果としてパリモードの懐の深さと無限の可能性を押し広げ続けた。ゴルチエらしさはそのままに保ちながら。

前述の「エクスパンディング」展では80年代の復刻ものも展示された。むしろ最新モードとしても違和感がないが、ロンドンのカムデンタウンなどで、80年代の自分の作品が「ヴィンテージ」として売られているのを見て複雑な思いにとらわれるという。「fashionsnap.com」のインタビュー（「ジャン＝ポール・ゴルチエに迫る――歴史に名を刻む〝アヴァンギャルドの旗手〟の原点と今」増田海治郎、2019年9月19日）では、過去作品がヴィンテージになっていることについて、次のように語っている。

「私は現役で最新のコレクションを発表しているので、過去の作品を評価されるのは嬉しいけれど、過去の人みたいに思われるのは嫌ですね」

行き詰まりやマンネリと無縁で、新鮮味を失わない仕事ぶりによって常に後進に刺激を与え続けてきたが、2020年1月、パリで行われた2020年春夏オートクチュールコレクションを最後に引退した。ブランドは存続していくが、後継者は発表されなかった。

最後のショーは50年にわたる「前衛」の歴史のスペクタクルだった。ファッション界、エンターテイメント界のスターが集まり、今後は「別の活動」を行っていくという67歳パリジャンの新しい門出を祝福した。

遊び心と親近感ある
英国紳士像を体現する

ポール・スミス

Paul Smith（*1946〜* ）

イギリスを代表するファッションデザイナー、**サー・ポール・スミス**。1970年、ノッティンガムに最初の店を開いてから、ほぼ半世紀近く、一貫した姿勢で自らの名を冠したファッションブランドを率い、世界35カ国で安定した人気を保ち続ける。

デビュー当時は、赤紫と黄土色といったコントラストの強い色づかい、クラシックなテイラードスタイルにプリント生地を使うといった「**ルール破り**」で衝撃を与えた。以後、**男性服に明るさと遊びをもたらす。**

ひと工夫のあるストライプや花柄のシャツ、粋なボタンやステッチ、華やかな靴下

「2010年春夏コレクション」での
ポール・スミス（2009年）

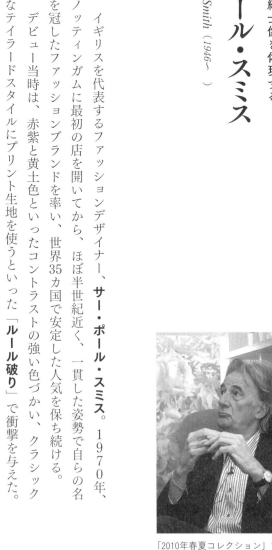

といった細部の遊びが、英国の伝統的な仕立て技術で作られたテイラードスタイルにほどよくあしらわれ、そのスタイルが、人と違う服を着たいけれども目立ちすぎるのは困るという多くの男性に支持される。

１９９７年にトニー・ブレア首相が就任して以来、ポールは10年間、彼のスーツを手がけていた。文化産業の振興に取り組み、経済成長にもつながった、当時の「クール・ブリタニア」※の背後には、まさに彼の存在があったのだ。

10代の頃は自転車のレーサーを志望していたが、事故に遇い挫折、その後、アートを志す人たちに刺激を受けて、ファッションデザインの道に入った。仕立て技術の師は、１９６６年に出会ったテキスタイル（加工前の布や織物）の教師ポーリーン・デニア。彼女はその後、ポールの妻となり、コレクションごとに「うさぎのお守り」を贈り続けている。

ポールの生活を追った記録映画『ジェントルマン・デザイナー』を観ると、自転車で古着市場を回ったり風景写真を撮ったりと、好奇心旺盛に日々を楽しみながらアイデアを生み出していることが伝わってくる。日本にも毎年、訪れている。「服を買ってくれるのは僕のファンになってくれるから」とファンサービスも怠らない。

※クール・ブリタニア（Cool Britannia）**：**
1990年代、音楽・美術・ファッションなど、さまざまなジャンルの英国文化が国内外で人気を集めた現象を表した用語。愛国歌「ルール・ブリタニア」（ブリタニアよ、世界を治めよ）にかけたダジャレでもあった。

社交家であるとともに誠実で仕事熱心なビジネスマンである。さらに新進デザイナーを支援したり、アートやデザインを専攻する学生を対象にポール・スミス奨学金を設けたりするなど、後進の育成にも熱心で、「ファッションの父」と呼ばれるほど。

1994年には大英帝国3等勲章（CBE）を受勲、2000年にはファッション界への長年の功績が讃えられてエリザベス女王から「サー」の称号がつくナイトに叙勲される。内外から尊敬を受ける現代の英国紳士像のひとつの模範例となった感がある。

「**夢は見なかった。毎日を楽しむことが大切**」という彼の言葉と、それを裏づける着実な行動に、夢追い人ばかりの世界において成功するための秘訣を見る。

デザイナーが75歳を超えても、かくもエネルギッシュに活躍しつづけているので、後継者問題はあまり大きく取りざたされてはいない。しかし、アイデアのすべてがポールの日々の生活から生まれ、ポールその人の絶大な人気にも頼るブランドであることが実感される分いっそう、未来の後継者には、その壁とどのように向き合うかが大きな課題として突きつけられる。

握力の強い
華やかなキャリア女性像を生きる

ダイアン・フォン・ファステンバーグ

Diane von Furstenberg（*1946〜*　）

「タイム」誌は、２０１５年における「最も影響力の高い１００人」のなかの「アイコン」として、**ダイアン・フォン・ファステンバーグ**を選んだ。

自身の名を冠したブランド（頭文字をとってＤＶＦと表記される）のビジネスを世界70カ国で展開し、ブランドの広告塔を務める女性を選ぶ過程を追ったリアリティ番組「ハウス・オブ・ＤＶＦ」も放映された。

また、メガネ型ウェアラブル端末「グーグルグラス」をファッションショーに登場させ、そのデザインも手がけるなど、影響力は多岐に及ぶ。

おとぎ話の世界では、女の子が王子様と結婚して物語が終わるのだが、ダイアンの物語は、王子様との結婚から始まる。ユダヤ系ベルギー生まれの彼女は、ドイツの皇族イーゴン・フォン・ファステンバーグと結婚、アメリカに渡る。一男一女に恵まれるが離婚、その後、アメリカのメディア界の大御所バリー・ディラーと再婚してもなおフォン・ファステンバーグの姓を使い続けている。ヨーロッパの貴族の名がブランドイメージに多大な貢献をしていることは、いうまでもない。

ダイアン・フォン・ファステンバーグのラップドレスを着るアメリカ合衆国の女優ミンカ・ケリー（2012年）

DVFといえば、**ラップドレス**である。着物のように打合せて共布で結んで着用する、体型を選ばないシルクジャージーのドレスである。

1974年に発表するや爆発的に売れ、2年後に売り上げが500万着を超えると、「**ココ・シャネル以来、最も市場を制覇した女**」として、ダイアンはアメリカの週刊誌「ニューズウィーク」の表紙を飾る。

当時はユニセックスルックが主流だったが、ラップドレスはそれに代わり、女性らしさを前面に出しながらビジネスウェアとしても着用できる、機能的な服として受け入れられた。
また、性革命のさなかにあって、「ファスナーがないため音をたてずに速やかに着脱できるということがメリットだった」とダイアンは後にジョークを飛ばしている。女性のライフスタイルやアティテュード（態度や立ち居振る舞い）に変革をもたらした、このラップドレスは、ファッション史にとって重要なアイテムとして、メトロポリタン美術館コスチューム研究所に収蔵されている。

実用的でセクシーなラップドレスは、1997年に再びブームとなり、ダイアンは2005年にアメリカファッションデザイナーズ協議会（CFDA）から「ライフタイム・アチーブメント賞」を受賞する。翌年には同会の会長に就任し、在任16年の2019年、その地位をトム・フォードに委譲した。在任中は、デザインにおける著作権保護を訴えてデザイナーの地位向上に尽力し、発展途上国の女性支援に取り組むなど、精力的に活動した。

「女性らしさを意識して、とことん楽しもう」という彼女のモットーを表現する服は、女性としての華やかな人生と、握力の強いパワフルなキャリアから生まれるダイアン本人の存在感そのものが、保証書となっている。

一方、本人は引退の希望を表明しているが、その華やかな強さゆえに、路線を踏襲できる適任者が見つからず迷走している。

2016年にクリエイティブ・ディレクターとして入社したジョナサン・サンダースは、ほどなく退職と報じられた。

ブランドを築くこともさることながら、**ブランドの後継者を見つけ（育て）、続けていくことにこそ、実はブランドビジネスの要諦があるのではないか**と思わされる。

「トレンド無縁」のスタイルを
ビジネスにも貫いた

アズディン・アライア

Azzedine Alaïa（1935～2017）

「アライアの服を着た女性」と聞くだけで、あるイメージが想起される。セクシーで絶対の自信にあふれ、媚びず力強く、どこか相手を畏怖させるような神々しさすら感じさせる女性。マドンナ、グレイス・ジョーンズ、ティナ・ターナー、ミシェル・オバマ、レディ・ガガ……。1980年代にスポットライトを浴びて崇高に輝いた彼女たちの魅力を高めたのは、**アズディン・アライア**が作る服だった。

女性の曲線美を彫刻のように強調し、ボディにぴたりと密着する（＝clingする）服を得意とした彼は、「**キング・オブ・クリング**」とも異名をとった。

77歳でその生涯を閉じたチュニジア生まれのデザイナーは、立ち襟のマオカラーの中国風ジャケットに常に身を包んでいた小さな体躯の男性である。長身のモデルたちの肩に届くかどうかという身長だが、その人柄ゆえ時に「パパ」と呼ばれ頼られ、愛されてきた。

アライアのドレス（1986～1987年）

多くのデザイナーやジャーナリストも彼に敬意を捧げているのだが、それは、アライアが**一貫したファッション哲学をもってトレンド無縁の永遠のスタイルを作り上げた**から、という理由だけではない。トレンド無縁のスタイルを生んだのは、トレンドから距離を置いた彼のビジネススタイルであり、そのビジネスを貫いた強さと賢さが、モード圏外で仕事をする私たちにもインスピレーションを与えてくれる。

アライアは一年に何度もショーをするコレクションのスケジュールを無視し、自分が納得するものを完成させたタイミングで、パリのマレ地区のショールームで発表していた。マーケティングや派手な広告も行わず、巨大ブランドグループに支配される

ことも なく、**工程の最初から最後まで自分の手で関わることのできる小さな規模のビジネスを貫き通そうとした**のである※。「見てすぐ買える」システムも、インフルエンサーも、潔く無視。それでも、理想を体現する本物のオリジナリティのある服を顧客は支持し続けた。

増えすぎたショーのスケジュールに疲弊し、インフルエンサーやデジタルマーケティングに振り回される昨今のファッションビジネスの世界にあって、信念に基づいた彼独自のやり方が、彼が作る服と同様、神々しいほどのスタイルと見え、いっそうの敬意と憧れを抱かせられるのである。

アライア亡き後、デザインチームが引き継ぐ。デザインばかりでなく、顧客との接し方においても強い個性を発揮したデザイナーの後を、一人の別のデザイナーが受け継ぐことは重責をともなうばかりか期待が大きい分、ハードルは高い。

※デザイナーが亡くなる少し前、アライアはスイスに拠点を置く「リシュモン」グループの傘下に入った。

デザイナーズ・アンダーウェアを発明した

カルバン・クライン

Calvin Klein（*1942~*　）

カルバン・クラインは、ニューヨークのブロンクスに生まれたユダヤ人である。1962年、ニューヨーク州立ファッション工科大学短期大学部を卒業し、68年に親友のバリー・シュワルツとともにCalvin Klein社を設立した。レディスの既製服に始まり、スポーツウェア、化粧品、香水とビジネスを拡大。1973年にはアメリカのファッション界では最も権威があるコティ賞を最年少で受賞し、以後、3年連続で同賞を受賞している。

2011年のカルバン・クライン

１９７０年代後半から、ジーンズや下着を手がけ始める。当時、世界一の美少女と称えられたブルック・シールズをモデルに起用したジーンズは、「**デザイナーズ・ジーンズ**」のブームをもたらした。また、下着にもブランド名を大きく入れた。「**デザイナーズ・アンダーウェア**」の誕生である。

１９８５年のSF映画『バック・トゥ・ザ・フューチャー』では、この下着をめぐるギャグが出てくる。マイケル・J・フォックスが演じる主人公のマーティ・マクフライはウエストバンドに「カルバン・クライン」のロゴが入っているブランド下着を履いていた。ところが、タイムスリップした１９５５年にはデザイナーズ・アンダーウェアなど存在しない。パンツに名前を大きく書くのは幼稚園児か、同性の家族が多い物忘れのひどい人くらいである。そのため、カルバン・クラインという名がマーティの名前と勘違いされてしまうというギャグだった。

日本で取り扱われたのは１９７５年。伊勢丹から「アメリカ人デザイナー第一号」としてカルバン・クラインの作品が販売された。

香水分野でも成功する。とりわけ比較的安価な「**ck one**」は一世を風靡する勢いで大流行し、若い人々の間で**ユニセックス・ファッション**のブームを後押しした。

21世紀に入ると勢いを失い、２００１年にはアメリカ市場からセカンドラインを撤退させたのち、2002年にはCalvin Klein社をフィリップス・バン・ヒューゼン（PVH）に売却し、翌2003年にはカルバン本人はデザイナーを引退した。

翌2004年、後任デザイナーとしてレディスはフランシスコ・コスタ、メンズはイタロ・ズッケーリが就任した。2017年には元ディオールのディレクターだったラフ・シモンズが鳴り物入りでチーフ・クリエイティブ・オフィサーに就任したものの、翌年、退任。デザイナーがまだ生きている間に、後任としてブランドを継承することの難しさを物語っている。

装飾のないデザインを貫く
「ミニマリストの女王」

ジル・サンダー

Jil Sander（*1943〜*　）

この人ほど自分のブランドとの付き合い方において混迷を極めた人はいない。

ジル・サンダーは、ドイツ北部出身。ハンブルクのクレフェルト・スクール・オブ・テキスタイル専門学校を卒業後、テキスタイル・エンジニアとして働く。アメリカに渡り、カリフォルニア大学に留学後、ニューヨークの出版社に就職し、ファッションジャーナリストとして働いた。その後、ドイツに帰り、1968年、ハンブルクにて自らの会社を立ち上げた。

1999年にプラダ系列へ統合される。親会社プラダと衝突することが度重なり、

２０００年には一度、自社経営から撤退している。２００３年に再びクリエイティブ・ディレクターに就任するが、その後もプラダとの方向性が一致しないという理由で２００４年に再び辞任している。その後、しばらく隠遁《いんとん》状態であったが、２００９年、日本の**ファーストリテイリング**とデザインコンサルティング契約を結び、ユニクロの高価格ライン「＋Ｊ」のデザインと、ユニクロの商品全体の監修を行う。２０１１年にはデザインコンサルティング契約を終了し、「＋Ｊ」も終了した。

　一方、創業者本人が離れていたジル・サンダー社のほうはどのようになったかといえば、シンプリシティのなかに贅沢さを見出すという方向が一致していたラフ・シモンズが２００５年からしばらくクリエイティブ・ディレクターとしてブランドを軌道にのせていた。「必要ではないものが一切存在しないというレベルまでぎりぎりそぎ落とす」という彼の考え方はジル・サンダーと非常に近く、ブランドとデザイナーの相性は最高と思われた。しかしラフ・シモンズは、２０１２年、辞任。その後は、創業者のジル・サンダーが復帰した。三度目の自社復帰である。

　ところが翌年また、２０１４年春夏シーズンのコレクションを最後に、ジルは退任する。それ以降はデザインチームが手がけていたが、２０１５年春夏シーズンより、ロドルフォ・パリアルンガが就任した。しかし、パリアルンガも続かない。２０１７

年に退任し、後任として夫婦デザイナーデュオであるルーシー&ルーク・メイヤー夫婦が就任する。創業者が出たり入ったりするばかりか、毎年のようにデザイナーが変わり続けるという事態が続いていたが、現在は安定し、高い評価を得ている。

ジル・サンダーは「**装飾のないデザイン**」をコンセプトにし、高品質な素材と厳密な細部によって、贅沢さと機能を両立させた服を作る。ゆえに、「ミニマリストの女王」の異名をとる。着る人の内面の豊かさを引き出すブランドとして評判が高まり、1990年代には、キャリアウーマンを中心に根強い人気があった。

創業者本人は、服作りにおいて妥協を許さない職人気質の「鉄の女」であり、利益を重視する企業のビジネスとは相いれないところがあると報じられたこともある。

2017年には、初の懐古展がフランクフルトで開催された。WWDジャパンのインタビューに答えて、サンダーは「やってきたこと全てが一貫性のあるものだと分かってうれしかった。また、宣伝広告もショーの映像もパッケージも、全てが今でも通用する内容だと感じた」※と語っている。

ビジネスのうえでは試行錯誤しているように見えても、**装飾から脱却し、本質を浮き彫りにする**という美学を貫き通してきた「女王」の静かな自信を見る思いがした。

出典：平川裕「ミニマリストの女王 ジル・サンダーの“今”」（WWDジャパンウェブ版、2017年12月23日）。

1970年代、80年代に進んだモードの多様化、その行き詰まりと後継者問題

「名前に何の意味があるのだ？　バラを他の名前で呼んだとしても、その甘美な香りには変わりがないのに」というのは、シェイクスピアの『ロミオとジュリエット』に出てくる有名なセリフである。

一理ある。しかし、ことラグジュアリーなファッションアイテムとなると、名前が大きな意味を持つ。そのジーンズが「アルマーニ」の名を冠していなければ、そのバッグが「シャネル」のロゴをつけていなければ、それらが「名もない」アイテムであ

ったとしても同じ価格を支払うだろうか。ファッションブランドは、名前にこそ本質的な意味があるのだ。

一方、起業コンサルタントは、「会社を永続させようと思うなら、自分の名前は看板に掲げるな」と進言する。創始者が去る時期が来ても看板からその名を外すわけにはいかなくなるからだ。いま、その問題に直面しているのが、1970年代前後に創業し、まさに創業者が去る時期を迎えつつあるファッションブランドの数々である。

1974年にラップドレスを考案し、米ファッション業界に君臨してきた**ダイアン・フォン・ファステンバーグ**は、英経済紙のインタビューに対し、引退の希望を表明しながらも、後継者選びに難航している。現在の地位を自身の強い個性で勝ち得てきただけに、路線の継承が困難になるのだ。2016年にクリエイティブ・ディレクターとして入社したジョナサン・サンダースは、退職と報じられた。

1967年創業のラルフ・ローレンも同様である。2015年に後継者としてステファン・ラーソンをCEOとして指名したものの、彼はわずか2年で11億円の退職金とともに会社を去った。2017年11月に77歳で急逝した「ボディコン」の祖、**アズディン・アライア**もまた、後継者問題を残した。報道によれば、アーカイブをもとにデザインチームが継続する。「誰もアライアにはなれない」と関係者は語る。

1970年代から80年代にかけて、ファッション業界は多様化の時代に入り、才能あるデザイナーが、自分の個性と、それを象徴する名前を前面に押し出したブランドを続々と興した。顧客のほうも、個性的なクリエイターが創り出す世界と関係を結ぶことを喜びとしたので、彼らの名前を冠したブランド名を歓迎したのである。

冒頭の例のように、いまになって創業者の強い個性が仇となり事業継承に難航する例が多々あるなかで、継承に成功しつつあるブランドもある。

上皇后美智子さまのデザイナーを務めたこともある「**ジュン アシダ**」は、幸運な例である。創業者の次女である**芦田多恵**が、自身のブランド「**タエ アシダ**」を創設・運営しながら、父のビジョンを夫の**山東英樹**とともに自然な形で継承する。

創始者のレガシーを新しい発想で表現することができる「人」を見つけられたという点では、**カール・ラガーフェルド**が率いた**シャネル**も強運である。創始者**ココ・シャネル**の世界観に現代の息吹を吹き込むラガーフェルドは、シャネルの名と共に自身の名も高めた。お約束のロゴマーク、香水、ツイード、バッグ「2.55」を時代に応じてよみがえらせることでブランドの威光を保ち続けたラガーフェルド時代のシャネルは、お約束の音楽、決め台詞、悪役、美女が作る世界によって俳優を変えながら不老不死であり続けるジェームズ・ボンドに喩えたくなる。

とはいえ、そのラガーフェルドもシャネル、フェンディ、そして自身のブランドの後継者問題を抱えたまま生涯を閉じた。

その後、シャネルのクリエイティブ・ディレクターに関しては、彼を30年以上支え続けたヴィルジニー・ヴィアールが後継となった。フェンディに関しては、創業者の孫娘でもあるシルヴィア・ヴェントゥリーニ・フェンディが後を継いだ。ラガーフェルドに対するリスペクトがあまりにも大きかったためか、後継者の発表はそれほど大々的には行われなかった。

一方、コレクションで「生首」や「三つ目」まで登場させた**アレッサンドロ・ミケーレ**が率いる**グッチ**のように、ブランドの伝統を守りながらも創業者の想定外と思われることまでやってのけ、シーズンごとに話題を振りまくことで名を輝かせるブランドもある。

顧客はともすると、ブランドの名が人名だったことすら知らない。名の威光のもとで、内実が生まれ変わっている。バラの名を保ちながら、甘美な香りをスパイシーに変えてしまったというわけだ。

ブランドの継承に単一の成功セオリーはない。ただ、**創業者が後継者に与えることのできる最高のギフトは、レガシーを創業者への忖度《そんたく》なく使える自由である**ことは、間違いない。

第4章

日本が世界に与えた衝撃

20世紀の西洋モードの発展に最大の貢献を果たしたのは、第１章で触れたように、日本のキモノであるといっても過言ではない。コルセットなしで優雅に着ることができるキモノ人気が、ポワレを筆頭とする西洋のデザイナーにインスピレーションを与えた。結果として、西洋の女性を数百年間も拘束していたコルセットは必須アイテムではなくなり、20世紀モードは時代に応じて大胆に変化し、社会の変化を加速させた。

日本は1872年の服制改革後、洋装のシステムを取り入れ、和のルーツと巧みに融合させながら、単なる表層の模倣ではない**日本独自の服飾文化**を形成していった。その過程で、**日本ならではの大胆な着想や洗練の表現**が生まれ、それがさらに西洋世界を刺激し、新たなグローバルモードを生み出す契機となっている。

飛躍しようと奮闘するクリエイターの足を引っ張るのは、多くの場合、日本人自身であった。日本人が自国のファッションデザインを蔑視し、日本人デザイナーを軽視するのである。この章では国内外の障壁と闘い続け、確たる地位を築いて社会変化を導いた６人の日本人クリエイター、ビジネスパーソンを紹介する。

アジア人初のパリ・オートクチュール組合会員、
マダム・バタフライ

森英恵

Hanae Mori（1926〜　）

「ファッションには疎くて」という熟年男性は多いが、**森英恵**《はなえ》の名前だけは知っている。日本におけるファッションデザイナーとしての知名度は飛び抜けている。

島根県六日市町生まれの森英恵は第二次世界大戦後の1948年、学生時代に勤労動員の工場で監督官を務めていた森賢《けん》と結婚。森賢は家業の繊維会社の営業マンだった。英恵は軽い気持ちで洋裁学校に通う。卒業後の51年、新宿に洋裁店「ひよしや」を出した。まもなく、米軍大尉の夫人が服を作ってほしいと店を訪れた。森はそこでカルチャーショックを受ける。採寸のため、夫人が脱いだ服を手に取ると、服が丸かったからだ。「服が丸い」とはつまり、立体であるということ。着物の伝統がある日本では、その延長で、洋服もまた平面からできているととらえられていた。洋服は立体であるということを知ったこの日から、森英恵の立体裁断への独学の挑戦が始まる。戦後のファッション史は、**「平面から立体へ」**という革命から始まるのだ。

54年、銀座にもブティックを開く。ショーでは立体構造の先駆的な服を、破天荒なショーの手法で見せた。バイヤーを集め、一点ごとに値段を発表し、その場で販売するというやり方である。当時としては画期的で、ジャーナリズムにも取り上げられ、映画の衣装も手がけるようになる。50年代の日本映画全盛期には、数百本にものぼる映画の衣装を手がけている。

ビジネスも好調で、パリの模倣ではないオリジナルなデザイナーとしての名声も高かったが、森は内心、失望していた。当時の日本人の盲目的なパリ信仰、それと裏腹になった日本人デザイナー蔑視に対してである。

「パリのデザイナーには、大金を投じて迎え入れ、一番いい売り場を提供するのに、日本人デザイナーには片隅しか与えない。この屈辱は耐え難かった」※

※出典：田中宏『よそおいの旅路』（毎日新聞社）1986年。

このような日本の風土と決別すべく、森は日本を脱出する。

65年にニューヨーク・コレクションに参加。蝶をモチーフにしたエレガントなドレスが人気を博し、「**マダム・バタフライ**」と呼ばれて有名になる。著名なジャーナリスト、ユージニア・シェパードも「East Meets West」と称賛、バーグドルフ・グッドマンやニーマン・マーカスなどの有名百貨店が買い入れを申し入れてきた。

英恵がモチーフとした蝶は、育った環境に由来する。「大根畑に紋白蝶が、菜の花畑には紋黄蝶が飛び交う」※中国山脈の山のふところに原イメージがある。

アメリカでの成功を受けて、パリコレクションにも進出する。ちなみに、初めて日本人としてパリでショーを開いたのは、**中村乃武夫**《のぶお》である。１９６０年のこと。森に対する海外での評価が日本に伝わりようやく、67年頃から、日本の流通業界も森のために有利な売り場を提供するようになった。海外での評価が日本で逆輸入されてはじめて、日本のデザイナーが日本国内で評価されるという、この西洋コンプレックス丸出しの構造は、それから半世紀経っても、さほど変わっていない。

山本耀司《ようじ》は２０１６年のＷＷＤジャパンのインタビューで「日本のデザイナーはなぜ日本で認められないのか、という思いはずっとある。商業施設が新しくできると、

※出典：堀江瑠璃子『世界のスターデザイナー43』（未来社）2005年。

1階には必ず海外の有名ブランドが入る。日本が日本を盛り上げない。だから日本の若いデザイナーは海外に出ざるを得ない」と述べている※。

さて、森はようやく日本でも「市民権」を得て、ハナエモリのロゴマークと蝶のマークを使ったライセンスビジネスを展開、事業を拡大する。100億円規模のビジネス拡大は、ファッションビジネスの未来を切り開いたとして評価され、1977年、パリ・オートクチュール組合からアジア人として初めて会員として認められた。

1996年、経営を支えていた夫の森賢が逝去、2002年にはバブル崩壊の影響も受けて民事再生法を申請、負債総額101億円で倒産するという試練に見舞われた。倒産を前に、プレタポルテ部門を売却、現在は三井物産が事業を行っている。

森英恵自身は2004年7月7日の発表をもって、パリのオートクチュールコレクションから引退した。会場には多数の著名人が駆けつけ、最後は万雷のスタンディングオベーションを受けた。作品は、歌舞伎役者の顔や日本の花などをモチーフとした、日本のカラーを強く出したものだった。最後のウェディングドレスのモデルを務めたのは、孫娘の森泉《いずみ》だった。

※出典：「23歳の記者から山本耀司へ37の質問」（WWW JAPAN June 6, 2016, vol. 1921）。

パリ信仰、日本蔑視が根強い風土のなかで自分を高く評価しない日本にいら立ち、**日本を脱出しながらも、日本らしさを背負い、日本らしさをアピールすることによって世界で認められたパイオニア**としての森英恵の功績は、続く日本人デザイナーに大きな自信を与えた。

ファッションモデル、タレントとして活躍する森泉、森星《ひかり》は、雑誌のインタビューなどを通して、祖母である英恵の功績や美意識を若い世代に伝えることに多大な貢献をしている。

真珠の養殖とグローバルブランド化を
成功させたパールキング

御木本幸吉

Kokichi Mikimoto（*1858〜1954*）

真珠といえば「MIKIMOTO」、それほど世界に名声がとどろいている。錚々《そうそう》たるジュエラーが並ぶパリのヴァンドーム広場にも店を構える「世界のMIKIMOTO」の地位は揺るぎない。その創業者の物語は、現代に生きる私たちを鼓舞するエピソードに満ちている。

御《み》木《き》本《もと》幸吉《こうきち》は1858年、現在の三重県鳥羽市でうどんの製造・販売を営む家に生まれた。幼い頃から、うどんで富を成すのは無理と悟り、14歳ですでに青物の行商を始めている。足芸（足の指に扇子を挟んだり、足の平で傘を回したり）を披露して客

御木本幸吉と愛用の地球儀

を呼び、イギリスの軍艦に商品を売り込んだ。当時からセールスマンとしての資質は抜群に高かったようだ。

20歳で家督を相続。同年、天然真珠など志摩の特産物が中国人向けの貿易商品になると見込み、海産物商人へと転身する。海産物の一つがほかならぬ真珠であった。世界の市場では、天然真珠が高額で取引されており、全国のアコヤ貝は乱獲によって絶滅寸前だった。この事態を憂慮し、幸吉はアコヤ貝の保護と増殖、真珠の養殖を決意する。1890年に神明浦《しめのうら》と相島《おじま》（現在のミキモト真珠島）の二カ所で実験を開始した。

1893年、世界初の半円真珠の養殖に成功した。相次ぐ赤潮の被害や資金難を乗り越えての成功だった。まだ半円ではあったが、人為的に真珠をつくり出せるようになった。

1896年、真珠素質被着法の特許権取得。この半円真珠の特許の取得により、幸吉は他の事業を整理して、真珠事業に専念する。1899年には銀座に日本で初めての真珠専門店「**御木本真珠店**」を開く。これが日本における近代産業宝飾産業の礎となった。

1906年に銀座4丁目に新築移転した
当時の御木本真珠店

1905年、真円真珠の養殖に成功、1916年に真円真珠の特許を取得する。半円真珠の成功から実に干支一回り分、経過していた。ほかならぬこの粘り強さこそ、幸吉の成功の鍵である。二カ所に養殖場を作ったのは、どちらかが赤潮でだめになったときのバックアップである。楽天家で知られた幸吉だったが、そうした慎重さも兼ね備えていた。

MIKIMOTOのグローバル展開

1905年に明治天皇に拝謁したとき、「世界中の女性の首を真珠で締めてごらんにいれます」と豪語した幸吉は、その「法螺《ほら》」を「ウソ」にしないために、世界戦略を積極的に進めていた。

1893年、シカゴでのコロンブス万国博覧会に出展したことをはじめ、1937年のパリ万国博では「**矢車**」を、1939年のニューヨーク万国博では「**自由の鐘**」を披露している。真珠を12250個、ダイヤモンドを366個使って

1939年のニューヨーク万国博に出品された「自由の鐘」

1937年のパリ万博に出品された「矢車」

作られた壮麗な作品である。

世界展開のための「ミキモトスタイル」には特徴がある。ヨーロッパのデザインを、「金工」をはじめとした日本の伝統的な技によって形にするのである。**洋の美と和のテクニックの絶妙な融合**。素材調達、デザイン、製造、販売まで一貫体制を持つ、世界でも数少ないジュエリーブランドだからこそ、なしえたことでもあった。

また、ビジネスにおいては1913年、ロンドン支店開設を皮切りにニューヨーク、パリなど国際的に事業を展開し、世界中にミキモトパールを供給し、養殖真珠の代名詞として、また日本の文化として、その名を浸透させていくのである。

有名人を利用した売り込みも巧い。1927年、幸吉は欧米視察の際に、発明王エディソンにミキモトパールを贈っている。エディソンから幸吉への手紙には次のように書かれている。

「これこそ、真の真珠です。私の研究所で作れなかったものが二つあります。一つはダイヤモンド、もう一つは真珠。あなたが動物学上からは不可能とされていた真珠を発明し完成されたことは、世界の脅威です」

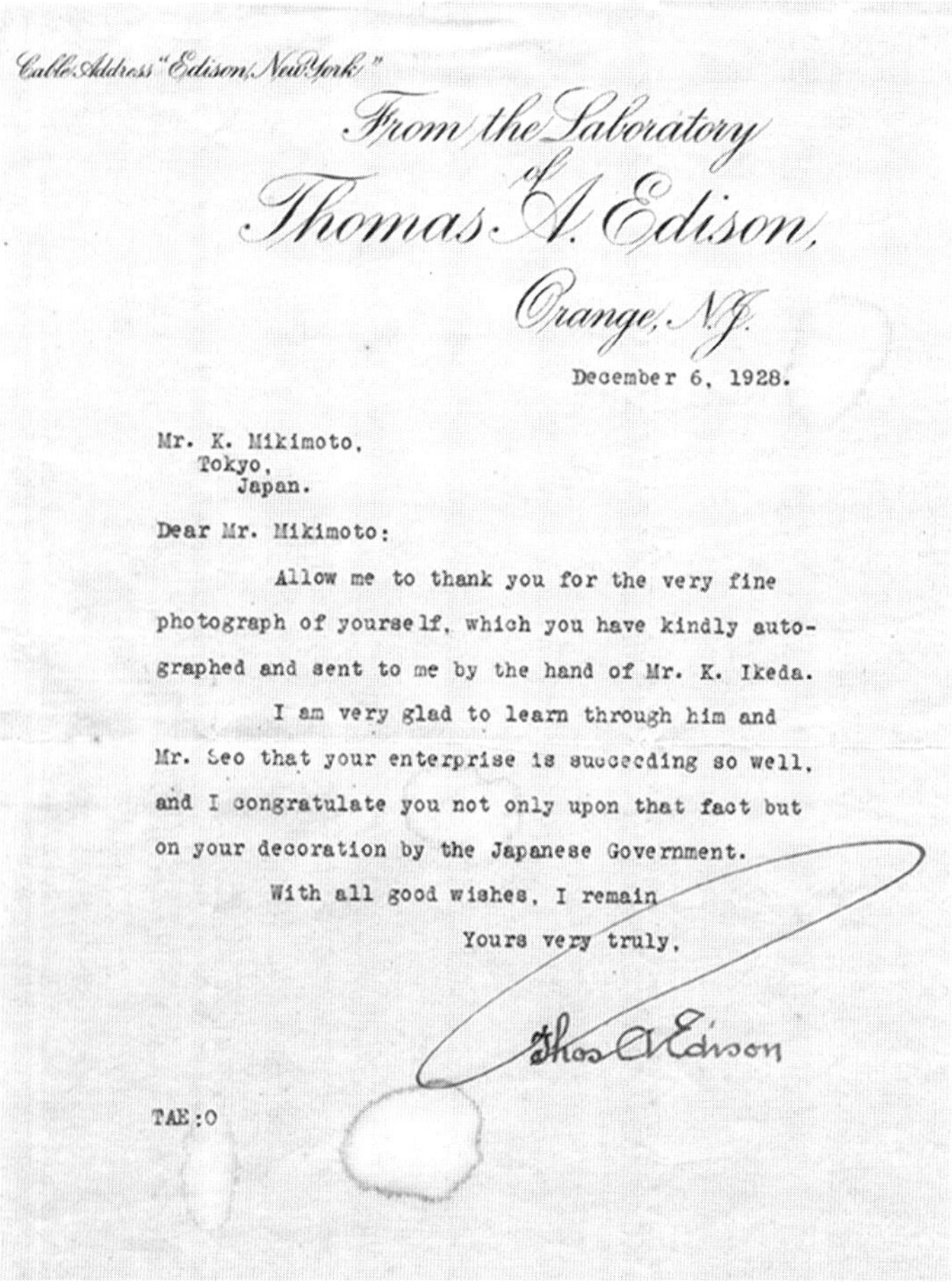

Cable Address "Edison, New York"

From the Laboratory of Thomas A. Edison, Orange, N.J.

December 6, 1928.

Mr. K. Mikimoto,
Tokyo,
Japan.

Dear Mr. Mikimoto:

Allow me to thank you for the very fine photograph of yourself, which you have kindly autographed and sent to me by the hand of Mr. K. Ikeda.

I am very glad to learn through him and Mr. Seo that your enterprise is succeeding so well, and I congratulate you not only upon that fact but on your decoration by the Japanese Government.

With all good wishes, I remain

Yours very truly,

Thos A Edison

TAE:O

エディソンから御木本幸吉に送られた手紙

幸吉の社交センスも欧米でのビジネスを後押しした。たとえば、次のようなエピソードが残る。欧米視察の際、「真珠は霊薬と聞くが、本当か？」という質問を受けた。それに対し、幸吉は、「そうでしょう。特にご婦人の病気なら真珠の首飾りでたちどころに治ります。ヒステリーには一等の妙薬と存じます」と答えて喝采を浴びている。いまなら問題発言になりかねないが……。

また、誤って真珠を飲んでしまったご婦人に「心配ご無用。きっと、男の子がさずかるでしょう」と声をかける。後年、夫妻が男の子を連れて幸吉を再訪すると、幸吉はその子を「パール！」と呼んだという※。こうした数々のユーモアにより、生真面目だと思い込まれていた日本人のイメージを大きく変えた。

真珠裁判

とはいえ、世界でのビジネスは順風満帆だったわけではない。それどころか養殖真珠は世界中の宝飾業界から大バッシングを受けるのだ。それはそうだろう。無尽蔵に作り続けることができる安価な養殖真珠によって、天然真珠のビジネスは苦境に立たされることになったのだから。

１９２１年、ヨーロッパでは御木本の養殖真珠は「ニセモノ」扱いされる。ロンド

※出典：『真珠王からのメッセージ　御木本幸吉語録』（御木本真珠島）2005年。

ン商工会議所の宝石業セクションが公式声明を出す。「日本の『養殖（cultured）』真珠を真珠として故意に販売した人物は、虚偽記載の罪で起訴されることになる」と。ほとんどいじめである。

フランスでも、激しい排斥運動が起きる。パリ商工会議所は、「養殖真珠の発明を放棄するなら報酬を出す」とまでいう。アメリカでは、「日本の真珠をつけると皮膚病になる」というデマまで流れる。

こうした**逆境にも負けず、粘り強く闘う**のが御木本幸吉である。御木本のパリ代理店は屈せず、フランスの行政官庁に輸入禁止の不当を訴え、裁判で訴訟合戦を繰り返した（1927年まで排斥運動は続く）。

最終的に、科学者が擁護した。オクスフォード大学のリスター・ジェイムソン教授、ボルドー大学のルイ・ブータン教授が、「日本の養殖真珠は本物」であると是認するのである。

ミキモトは真珠裁判に勝利したものの、ヨーロッパの真珠商からは依然として嫌われる。1929年のウォール街の株価大暴落を受けて1930年に「パールクラッシュ」が起き、天然真珠の価格が85％下落したのだ。欧米の天然真珠市場は壊滅する。欧米の宝石店が養殖真珠に嫌悪感を示したのも無理はない。

ティファニーやカルティエが日本の養殖真珠を扱うのは、1955年以降である。映画『ティファニーで朝食を』では主演のオードリー・ヘップバーンが、リトル・ブラック・ドレスにふんだんに真珠を使ったネックレスをつけている。50年代の女優はポートレートにみな真珠とともに映っている。マリリン・モンローはメジャーリーガーのジョー・ディマジオとのハネムーンで日本を訪れ、ミキモトで真珠を購入していった。

真寿

第二次世界大戦中、「贅沢は敵だ」のスローガンのもと、真珠の輸出は禁止され、国内販売も禁止される。そのような厳しい状況のなかでも、幸吉は軍に一切の協力をしなかった。

「戦争になりました。真珠は平和産業だから禁止されます。しかし、私は真珠でやってきたからこれを変えない。軍需産業はしません」と宣言し、赤紙（召集令状）が来た従業員に対しては、「戦争をしているのは人間や。

マリリン・モンローがミキモトにて購入したパールのネックレス。
端から中央に向けて真珠の粒が大きくなっていくグラデュエーション型は当時の流行

貝は戦争をしていない。元気で帰って来いよ」と勇気づけた。

苛酷な時を耐えぬいた戦後、幸吉は国際親善のため、以前にもまして精力的に活動した。

そして１９５４年、御木本幸吉、96歳で大往生を遂げる。「真寿」という直筆の毛筆が残っているが、真珠に生涯を捧げた一生を表わすのに実にふさわしい二文字である。

御木本幸吉のサインが入る「真寿」

その後もミキモトは「ブライダルには真珠」という新しい「常識」を作ったことをはじめとし、斬新なマーケティング戦略を続け、国内外で躍進を続ける。創業者の不屈のチャレンジ精神は、現在のミキモトにも脈々と生きている。

２０１２年、世界ラグジュアリー協会が発表する「世界で最も価値のあるラグジュアリーブランド トップ１００」において、日本から唯一、ミキモトが選ばれた。

戦後の日本にプレタポルテをもたらした
実用エレガンスの巨匠

芦田淳

Jun Ashida（*1930～2018*）

1950年代前半の日本は、まだ「戦後」の余裕のない日々で、女性の大半は着物を着ていた。きちんとした「洋服」を持とうとすれば、オーダーメイドであつらえるのがふつうだった。

一点ものの注文服というと素敵に聞こえるが、その世界には、今日的な意味でのファッションデザイナーが出る幕はない。着る人の体型と好みを最優先し、それに合わせて服を作るという点において、活躍していたのは、洋裁師である。

そのような時代において、**芦田《あしだ》淳《じゅん》**は、戦後ほぼ初めての本格的なファッションデザイナーとして登場する。

ファッションデザイナーとは、着る人の現実的な体型よりもむしろ、主観的な美の理想のバランスを何よりも最優先し、表現する服を作る人のこと。幼少より「舶来」の美しいものに触れて生活してきた芦田には、西洋的なライフスタイルに対する強い憧れがあり、当時カリスマ的な人気を博していたアーティストの中原淳一に師事することで、その具体的な表現方法にいっそうの磨きをかけていた。

裁縫からではなく、イラストレーションから出発した芦田淳の服は、非日常的な美しさに対する当時の女性たちの渇望に応える。注文服よりも安価なのにファッショナブルな芦田の既製服は、大評判となる。そんな高級既製服の生産を、1963年、社員10名の「テル工房」の設

1960年代の婦人雑誌には「型紙」が付録についていた。
「洋裁師」が着る人の体型と好みに応じて洋服を作った

モノトーンの幾何学的な
芦田淳の作品（1969年）

立とともに開始する。これが現在の**株式会社ジュン アシダ**のスタートとなるわけだが、同時にこれは、**日本における高級既製服、すなわちプレタポルテの歴史の始まり**でもあった。

1973年、直営店第1号「ブティック ミセス アシダ」を東京・青山にオープンするまでにビジネスが成長するのを一つの転機として、デザイナー兼社長の芦田は、さらに日本全国へ、パリへと店舗を増やしていく。

そんなプレタポルテの普及と歩みをともにして、日本の女性が加速度的に美しくなっていくことも興味深い。

憧れの既製服があれば、それを着るために体型を整える努力を行い、ヘアメイクを研究し、美容にいそしむ。そのような楽しい苦闘を経て、この半世紀の間に、日本女性の体型や顔や立ち居振る舞いが劇的に変化したことを思うと、日本においてプレタポルテを始めた芦田の意義が、いかに大きいものだったかがわかる。

その後50年以上、**徹底した顧客主義**を貫き、パリコレなどのファッションショーは時間と経費のムダとみなし、

1989年、フォーブル・サントノレ34番地にオープンしたブティック

ショーにおいても「着ることができる」服だけを見せた。奇抜なモードをニュースとしてもてはやしたいメディアを満足させることはできなくなったが、顧客は「お見せした服はすべて買える・着られる服」というデザイナーの姿勢を支持した。

「大御所」と呼ばれる立場になっても、デザインにおけるイノベーションを追求し続けた。竹のように服地を幾重にも立体的に切り替えていく構築的なパンツ「**ボンブー**（Bambou）」や、中心の穴に手を通すことで安定感を保ちながら着用できるストール「**コンパス**（Compass）」は、意匠権を取得している。

毎回のショーには30カ国近い駐日大使・大使夫人が列席し、皇室関係者の顔も見える。日本にもハイソサエティ（上流社会）が存在することを示す、別

竹のようなティアードパンツ「ボンブー」

ストールのようにもマントのようにも多様に着こなせる「コンパス」

格のショーである。各国大使と堂々と交流を続けることができた背景には、10年にわたる上皇后美智子様との仕事のキャリアもある。1966年から76年まで、専属デザイナーを務めていた。その仕事を辞めてから、上皇后のお母様の正田富美子さんから、外交団のしきたりや国際的なマナーの形式、イメージを保つ大切さなどを学んでいる。そうした教養や経験が、国際外交の場で通用するブランドの礎石となっている。

各国大使を招く毎回のショーは、日本発のエレガンスを国際的に広めることに貢献するとともに、会場に同席する顧客たちにも、芦田の服を着ることは、世界に通用する品格のある服を着ることなのだと自信を与えることにもつながっている。

顧客の支持が厚い理由は、それだけではない。**デザインの美しさに加えて、着心地の良さ、安心感があるの**だ。この点において多大に貢献しているのが、友子夫人である。男性デザイナーにはわかりづらい着用

マンスフィールド元駐日アメリカ大使と芦田夫妻。芦田は同大使に、息子のようにかわいがられていた

感を、社員から「ミセス」と呼ばれる夫人が細部に至るまでチェックして、仕上がりに反映させる。パリの生地見本市に出かけて生地を選ぶのも、長年、夫人の仕事であった。「ミセス」が服地業者と長年にわたり絶大な信頼関係を築いているため、この生地は日本ではジュン アシダのみに使われるといった特権的な取引も行うことができた。

デザインから商品化まで自社内で一貫した生産管理を行うアパレル企業を「メゾン」と呼ぶが、ジュン アシダは製図・縫製の技術者を多く擁するメゾンとしては、国内最大級である。

アトランタオリンピック日本選手団の公式ユニフォームをはじめ、全日空（全日本空輸）など有名企業のユニフォームも多数手がけた。ファッションにおける功績は世界で高く評価され、フランスからは国家功労章オフィシエ章（2000年）、芸術文化勲章オフィシエ（2010年）、イタリアからは功労勲章カヴァリエーレ・ウフィチャーレ章（2003年）、ルクセンブルクからは国家功労勲章オフィシエ章（2006年）、日本では紫綬褒章（1991年）、旭日中綬章（2006年）など、数多くの勲章を受勲している。

日本におけるプレタポルテの草分けとしてファッション市場をリードしながら、浮沈激しい業界において、50年間という長きにわたり、ビジネスを成功させてきた芦田淳。キャリアの要所、要所で幸運に恵まれているが、それは、美しいものを作りたいという情熱と、徹底的な合理主義に基づく行動、そして何よりも、妻とのパートナーシップを大切にし、家族や社員や友人に対して純な愛情を持って接してきた人柄が、さらなる恵みとなって彼に還ってきた結果、必然的にもたらされた幸運でもあるように見える。

アトランタオリンピックの
日本選手団のユニフォーム

1970年より通算27年間、
全日空のユニフォームを手がけた

この人柄が仕事上の運を開いたエピソードには事欠かない。パリの一等地に店舗を構えることができたのも、実は人柄ゆえだ。あるパーティーで隣合わせた女性が実は最近夫を亡くしていたことを知り、温かく接したところ、その振る舞いに感激した女性が、特別な価格で市場に出ていた一等地への縁をつないだという経緯がある。

現在、ジュン アシダのディレクションを引き継ぐのは、次女の**芦田多恵**である。自身のブランド「タエ アシダ」とともに、顧客から絶大な支持を受けている。会社の経営は、多恵の夫である**山東英樹**が引き継いだ。理想的な事業継承の形である。

エレガンス不滅論。
the Survival of Elegance
50 years of Jun Ashida
―ジュン アシダの軌跡と未来にみる、ファッションのひとつの本質―
国立新美術館 3F講堂 [東京・六本木] 2014.12.3 |wed| ―8 |mon|
[入場無料] 開館時間 10:00–18:00 金曜20:00まで／入場は閉館の30分前まで 主催：株式会社ジュン アシダ
www.jun-ashida.co.jp

メゾン創立50周年を記念して国立新美術館で開催されたエキシビション「エレガンス不滅論。」（2014年）

テクノロジーを駆使し、
ファッションをデザインの一分野として格上げしたエンジニア

三宅一生

Issey Miyake（*1938〜*　）

フランスからは芸術文化勲章最高位コマンドール受章（1991年）、レジオン・ドヌール勲章最高位コマンドール受章（2016年）、イギリスからはロイヤル・カレッジ・オブ・アート名誉博士号授与（1993年）、そして日本では文化勲章（2010年）をはじめ、名だたる勲章や賞を授与されている**三宅一生**《みやけいっせい》（以下、「イッセイ」）は、ファッション界の巨匠ではあるが、テクノロジー、研究開発、制作プロセス、実験など、むしろ理系の言葉が似つかわしい独自の衣服デザインによって世界に知られている。

イッセイは、多摩美術大学在学中から「装苑賞」を1961年、62年と2年連続で受賞するなど頭角を表す。第1回コレクションから従来の服作りの手法を度外視した作品で注目を集め、日本ファッション界の寵児となった。しかし、ファッションをデザイン分野として認めない当時の日本の状況にいら立ち、パリ、ニューヨークへ向かい、修業と経験を積んだ。

日本に帰国した1970年に「三宅デザイン事務所」を設立、73年にはパリコレクションに初参加する。「一枚の布（a piece of cloth）」で身体を包むことで、東洋／西洋の枠を超越した衣服の本質と機能を問う「**世界服**」を創造した。身体と布をコラボレーションさせるスタイルをはじめ、新しい技術を駆使した服で常に話題を振りまいてきた。

80年代には、プラスチック、紙、ワイヤーなど布以外の素材を使った服作りに挑戦、これを「**ボディーワークス**」と呼んだ。コンピュータをフル活用したジャガード織の柄を作品のなかで展開するという試みも行った。

88年には新しい発想のもとにプリーツ（規則的に繰り返したたむことで作られた衣服のひだ）を展開する。プリーツのかかった布地で服を作るのではなく、服のかたちを作った後でプリーツ加工をするという技法を使うのである。以後、プリーツの可能性を大幅に押し広げ、93年には「**プリーツ プリーズ**」を単独ブランドとしてスタートさせる。このプリーツ服は、流行に左右されない機能性と美しさを持つ便利なアイテムとして日常に溶け込んでいる点で、ファッションというよりもむしろ工業製品に近い印象である。

研究と改良を重ねてこれを世に出したイッセイも、どちらかといえば「エンジニア」と呼びたくなる。アップルの創業者、故**スティーブ・ジョブズ**がイッセイ・ミヤケの黒いセーターを愛し、これをトレードマークとしたことはジョブズの自伝にも書かれている。二人には、**装飾をできるだけそぎ落とし本質を追求する姿勢と機能性を両立させる**という美学において、相通じる志向がある。ジョブズは2014年以降、一大トレンドとなった「ノームコア」(ノーマル+ハードコア。常に同じスタイルを貫く)というスタイルの究極のアイコンとして、ファッション欄に頻繁にその姿が引用された。

スティーブ・ジョブズ
(1955〜2011)

2007年には東京六本木にデザイン拠点「21_21 DESIGN SIGHT」をオープンさせ、数々の知的な展示やイベントを成功させている。イッセイ・ミヤケがファッションをデザインの一領域として確実に高めたことの象徴にも見える拠点である。

2009年には、「ニューヨーク・タイムズ」への寄稿のなかで、幼少時における広島での被爆体験を初めて公表した。母を後遺症で失うほどの体験を経て「**破壊ではなく創造できるものについて考えることを好んできた**」と彼は語る。

地球に配慮した一本の糸作りから、最先端技術を駆使した製品まで、その制作プロセスには、関わる人の息吹が感じられる。

もの作りの過程そのものを「デザイン」して人々を幸せにする、そんな先駆的な知性と行動力の背後には、平和への並みならぬ強い意志がみなぎっている。

モードの哲学者

山本耀司

Yohji Yamamoto（*1943*〜）

「**ヨウジヤマモト**」は世代を問わず、知的な仕事に就いている人に人気が高い。大学教師でお洒落に見える人に服のブランドを聞くと「ヨウジ」と答えることが多い。大阪大学総長を務めた哲学者の鷲田《わしだ》清一《きよかず》もヨウジをまとい、**山本耀司**についての本まで著している（『たかが服、されど服：ヨウジヤマモト論』集英社、2010年）。

鷲田は著書のなかで、「ここ十数年来、ほとんどヨウジヤマモトの服ばかり着ている」と書くが、その理由は何なのか？

「もちがいいし、それに着方を少し変えるだけで〈現在〉の服になる。それは、わたしを『わたしよりもっと古い私の存在』にふれさせる服だからだとおもう。そしてその服を着るとふっとどこかを徘徊したくなる。山本の服は、わたしにとって〈可能〉がまだ〈可能〉のままであったような次元まで誘ってくる服であるらしい」

着るだけで、それほどの哲学をさせてしまう服、それがヨウジの服なのである。

山本耀司は1943年東京生まれ。第二次世界大戦で父を失った。新宿で洋装店を開いていた母に育てられ、慶應義塾大学の法学部を卒業した後、文化服装学院に入学した。在学中から装苑賞・遠藤賞を受賞するほどの頭角を表し、1969年の卒業と同時に遠藤賞の副賞でパリへ留学、五月革命を経て既成の価値観が崩壊するなか、プレタポルテ創世記のなかに身を置く。

「俺が勉強したオートクチュールは何の役にも立たず、強烈な絶望感を味わった。俺は何者でもない、という挫折感と絶望感」※

帰国後の1972年、ワイズを設立、5年後の77年に東京で初めてのコレクション

※出典：「23歳の記者から山本耀司へ37の質問」（WWW JAPAN June 6, 2016, vol. 1921）。

を発表する。**川《かわ》久《く》保《ぼ》玲《れい》**とともに、パリ・プレタポルテ・コレクションに乗り込むのは1981年4月。

当時のパリコレでは、日本人デザイナーとしてすでに**高《たか》田《だ》賢《けん》三《ぞう》**が活躍していた。着物の発想や世界の民族衣装のエッセンスをパリモードに持ち込んだ賢三は、高い評価を得ていた。

川久保玲の「コム デ ギャルソン」と山本耀司の「ヨウジヤマモト」は伝統的なパリモードとはまったく異質の、別次元のものだった。評価ではなく、衝撃を与えた。生地は、穴だらけの古びた黒。身体のシルエットを不明にしてしまうオーバーサイズ。モードとは女性をよりセクシーに、よりリッチでゴージャスに見せるものという**暗黙のパリモードのゲームを完全に転覆させてしまった**のである。

「こじきルック」「ぼろルック」という否定的な意見もあれば「禅を感じる」「パリモードに対するアンチテーゼ」という好意的な評価もあったが、いずれにせよ大きな話題を巻き起こした。次のシーズンも「日本から黄害《おうがい》」と書かれながらも、西洋の美の基準を覆すユニークな価値観は次第に受け入れられ、市民権を獲得した。日本でも、この前衛モードは「かっこいい」とみなされ、「カラス族」を生むほど広がった。

彼らが提唱した新しい「美」は、ベルギーの**マルタン・マルジェラ**らに引き継がれ、音楽界では「うす汚い」ファッションで演奏する**グランジブーム**を生むまでに至るほどその影響力は大きい。

40年経ったいま、彼らの「前衛」を振り返ってみれば、サステナブル、年齢を問わないユニバーサル、男女の区別を覆い隠してしまうジェンダーレスで、時代を相当先取りしていたというようにも読める。

耀司ならではの世界観を持つ服は映画衣装としても存在感を放ち、『BROTHER』『Dolls』など北野武の映画作品の衣装を手がけている。Dollsのラストシーンのどてらは、自ら友禅の柄を描き、京都に残る丹前《たんぜん》職人を探しだして4カ月がかりで完成させたというだけあって、幻想的で、忘れがたく記憶に残る迫力のある衣裳である。

『TALKING TO MYSELF BY YOHJI YAMAMOTO（トーキング トゥ マイセルフ バイ ヨウジヤマモト）』ほか、著書やインタビューも多いヨウジだが、デザイナー本人が哲学者のような佇《たたず》まいで、発する言葉も独特の照れを隠しながらも文学者のようである。ドイツの映画監督のヴィム・ヴェンダースも、そんな彼の人柄に惚れこみ、山本耀司のパリと東京の仕事場を追うドキュメンタリー『都市とモードのビデオノート』（1989年）を製作している。

2004年に紫綬褒章受章、2005年にフランス芸術文化勲章「オフィシエ」受章、と好調に見えていたが、２００９年には民事再生法の適用を申請。負債は60億円だった。投資会社インテグラルからの投資を受けて新会社「ヨウジヤマモト」社として再スタートしている。

現在、展開するブランドは、ウィメンズで「ヨウジヤマモト」ほか14ライン、メンズで3ライン、ほかアクセサリーやウェブ限定ブランドなど。２０１６年６月６日号のWWDジャパンには「23歳の記者から山本耀司への37の質問」が掲載されており、その表紙を飾る耀司の写真の下には「今俺、絶頂だから」とキャプションがつく。若い世代にも耀司の人気が浸透していることは、八面六臂《はちめんろっぴ》で活躍している落合陽一が衣装に注目があたるメディア出演時に「ヨウジ」を選んでいることからもわかる。

娘の山本里美《りみ》も、「ヨウジヤマモト」社の傘下にある「リミ　フゥ」ブランドを担う。前掲のインタビューでは、「娘の山本里美さんについてどう思っているか？　デザインは似ていると思うか？」という質問もある。それに対して耀司は、このように答える。

「僕を女にしたら里美。でも、彼女の服は女にしかできないセクシーな服。女だから何を着たい、着たらどう感じるかを分かっているのが強みだろう。俺のことを乗り越えるのは無理だと思うけど（笑）」

数々の耀司の名言のなかでも、とりわけ鋭さを感じ、メモしている言葉がある。前掲インタビューの一部を要約したものだが、次の言葉である。

「フランス人は才能ある人間をうまく丸め込んで牙を折る。マエストロ※とおだてられたらやばいと思え」

人間を鋭く理解するデザイナーの存在感、ひねりとユーモアのある詩的な言葉、粋な生き方や佇まいが、ヨウジの服にさらに深みと魅力を与え、初期からのファンを裏切らないと同時に、新世代をも取り込み、魅了し続けている。

※マエストロ（Maestro）：
芸術家、専門家に対する敬称。または称号。

コム デ ギャルソンを立ち上げ、
「これまでに存在しなかった服」を50年作り続けた

川久保玲

Rei Kawakubo（*1942〜* ）

おそらく世界で最も尊敬され、高い関心を持たれている日本のファッションデザイナーが**川久保玲**である。2017年にはニューヨークのメトロポリタン美術館で特別展「川久保玲／コム デ ギャルソン 間の技」が開催されたが、この美術館が日本人デザイナー一人をこのように大々的なテーマに掲げるのは、初めてのことである。

川久保玲は1942年東京生まれ。慶應義塾大学文学部哲学科を卒業し、旭化成で3年間勤務したのち、フリーランスのスタイリストとなった。1969年に「**コム デ ギャルソン**（Comme des Garçons）を立ち上げ、75年から東京コレクションに参加。「少年のように」という意味のブランド名は、70年代に流行していた純日本風の名前を避け、ちょっと長めの音のいい外国語にしたかったからだという。

1981年に山本耀司とともにパリコレクションに初参加（その詳細は山本耀司の節で詳述）、川久保の与えた賛否両論の**「黒の衝撃」**は、西洋世界の美に対する考え方を根底から覆した。

それまでの日本人のデザイナーは西洋にとってのオリエンタリズムを刺激するという点で理解の範疇にある存在であったが、川久保はむしろ西洋的な美しさを冒涜《ぼうとく》した存在に近かった。「ヒロシマ・シック」と揶揄されたのは、パリの伝統が原爆を受けたかのように破壊されたと彼らが感じたからであろう。

その後も川久保の挑戦は続き、**「見たこともない」**服を発表し続ける。1997年のパリコレクションでは、身体に不自然なこぶをつけた「こぶドレス」を打ち出し、西洋的な美のバランスの概念にまたしても果たし状を突きつける。

継続は信用となる。コム デ ギャルソンが話題にならなかったシーズンは皆無である。既成概念を壊し続けるという強い挑戦の連続そのものによって、コム デ ギャルソンは揺るぎないブランドとしての地位を固めていく。

現在の「コム デ ギャルソン」社の傘下には、20ブランドを収める。浮沈の激しいファッション業界でこれだけのブランドを抱え、利益を継続的に生み続けている経営者にしてデザイナーは極めて少ない。

インタビュー嫌いで知られることも、川久保の神秘性を高めることに一役買っている。たとえインタビューを受けたとしても、親切な受け答えをするわけではない。ぶっきらぼうで、どこまでが真実かよくわからない答え方をすることもある。

それでも2012年1月7日付朝日新聞に掲載された「ファッションで前に進む」というインタビューは比較的「読みやすく」構成されていた。安定感や着やすさを求める風潮をどう思うかと問われ、次のように答えている。

「他の人と同じ服を着て、そのことに何の疑問も抱かない。服装のことだけではありません。最近の人は強いもの、格好いいもの、新しいものはなくても、いまをなんとなく過ごせればいい、と。情熱や興奮、怒り、現状を打ち破ろうという意欲が弱まってきている。そんな風潮に危惧を感じています」

反骨のデザイナーらしい、模範的な答えのように見えた。

2019年7月22日号の「WWDジャパン」ではロングインタビューが掲載されて

話題になったが、そこではインタビュアーも思わず聞き返してしまった発言が掲載されている。

「私はファッションデザイナーではなく、ファッションをビジネスとして利用していると考えている。〝私はファッションデザイナー〟と思ったことは一度もないし、**ファッションはビジネスのなかで扱う素材。**そうなったのは偶然だ」

インタビュアーにもこの表現は驚きだったらしく、質問を繰り返したが、答えは同じだった。補足として「**〝これまで存在しなかった服を作る〟という私の価値にこだわることのおかげでビジネスを成功できた**であろうことに気づき、以来、それを続けている」と続けた。

常におかっぱ頭で黒い服をまとい、ミステリアスでつかみどころがないように見える川久保であるが、南アフリカ出身の夫は「みな誤解しているが、彼女は古い木や犬や猫、大粒のダイヤモンドが好きな優しい女性だ」とインタビューで述べている。川久保のとっつきにくさはビジネスのためのポーズなのかもしれない。真意はついぞわからない。

フランスからはシュバリエ賞（1992年）、国家功労勲章（2004年）、アメリカからはCFDA賞（2012年）、日本からは芸術選奨（2001年）、朝日賞（2003年）を授与され、その反骨の挑戦の功績が世界から称賛され、圧倒的権威となり、サブブランドではコマーシャルな商品も展開して若い世代にも訴求する経営を続ける。

ファッションはあくまでビジネスの素材、というクールな姿勢が、かえってますます世界にファンを増やし、デザイナーの神格化に貢献している。

第5章

グローバリズムとカリスマ経営者

デザイナーが創作によって生み出す作品がグローバルなトレンドを生み、わかりやすく時代を彩り、社会を動かした時代は1990年頃に終わりを迎え、資本家によるマーケティングの時代が始まる。

21世紀には、複数のブランドを束ねる**コングロマリット**が台頭し、デザイナーを**クリエイティブ・ディレクター**という駒に変え、その進退や所属を左右するほどの影響力をふるうタイクーンが市場を支配するようになる。創作よりもマーケティングとイメージを重視し、マネーゲームのなかでブランドを扱う経営者、アートや持続性の価値を取り込むことで独自の立ち位置を築く経営者、**ファストファッション**という新ジャンルを築く経営者、ファッションの圏外で世界市場を制覇する経営者、メンズの世界を束ねる経営者、人間主義を貫くことで支持を得る経営者など、それぞれの価値観のもと、独自の経営スタイルのもとに一大ジャンルを築き上げる経営者が注目を浴びるようになる。

この章では、21世紀のファッションシーンに強いインパクトを与えている個性的な7人の経営者を紹介する。

巨大資本によるブランド戦争を始めた
「カシミアを着た狼」

ベルナール・アルノー

Bernard Arnault（1949〜　）

現在、世界の都市部の中心繁華街へ行くと、どこも同じ光景のような印象を受けることがある。その原因の一つが、ラグジュアリーブランドの旗艦店である。店内で買い物をしているのも、カジュアルスタイルの若い旅行者が多い。一時、それが「日本人ばかり」と揶揄された時期もあったが、いまは「中国人ばかり」になった。

ラグジュアリーブランドは、世界の都市部ならどこでも同じものがほぼ同じ価格で買い求められる、規格化・平準化されたものになった。「ブランド」の力を最大限に使い、世界の都市の風景を「ブランド」によって同じにしてしまったプレイヤーのなかでも、最大の影響力を持つのが**LVMH**（モエ ヘネシー・ルイ ヴィトン）グループを率いる**ベルナール・アルノー**である。

LVMHはファッション・レザーグッズ、時計・宝飾、化粧品、お酒のブランドを60以上持つ、世界最大のブランドコングロマリットである。2018年12月期の売上高は約5兆8064億円。同様なラグジュアリーファッションのコングロマリットではケリンググループが同時期で1兆6944億円なので、圧倒的な首位である。

アルノーがディオールを狙った理由

2019年版「フォーブス」の世界長者番付では世界第3位というアルノーは、フランスのルーベに生まれた。ポリテクニークを卒業した後、父親の事業を受け継ぎ、不動産業でかなりの成功を収めていた。31歳になったとき、ミッテラン大統領（当時）の社会主義政策を嫌い、資産を保護しようとしてアメリカに渡り、アメリカ式の経営を学ぶ。

ニューヨークで彼は、現地のフランス人が話題にしていたフランスの繊維帝国マルセル・ブサック・グループに目をつける。グループは二度にわたる破産申し立ての後、会社を買い取る人を探していたのだ。ブサックは紙おむつ、百貨店など、互いに何の脈絡もないいくつかの企業を擁していたのだが、そのなかの一つに「**クリスチャン ディオール**」があった。アルノーはほかならぬディオールを狙い、自身の不動産業を担保にした資金でグループを1984年に買収した。

不動産業者が、なぜファッションブランドのディオールを欲しがったのか？

インタビューのなかで、アルノーはこのように述べる。

「70年代、初めてニューヨークを訪れたとき、空港からタクシーに乗り、フランスのことを少し知っているという運転手と話をした。フランスの何を知っている？大統領の名は？　運転手は『大統領は知らない。でもクリスチャン・ディオールなら知っている』と答えた。これにはハッとした。ここにこそ可能性がある」※

アメリカのタクシー運転手にとって、「フランスといえば、クリスチャン・ディオール」。ムッシュウ・ディオールはもう亡くなっているというのに、名前は栄光を失わず世界で輝き続けているのだ。ここにブランドが持つ力をかぎとったアルノーは、誰もが知っているブランドを手にすることを、世界帝国を築くためのジャンピングボードにしたのである。

※出典：長沢伸也『ブランド帝国の素顔』（日本経済新聞社）2002年。一部を省略して引用。

その後、当初の約束とは裏腹に、ディオール以外の小さな企業を冷酷に次々に取り除き、また、新しいブランドを続々と手中に収め、決然として**ブランドコングロマリット**※を構築していった。

「**カシミアを着た狼**」と書くメディアもあった。野心を隠さない、ユーモアもないユダヤ人のアルノーは、当初、若い官僚たちや教養のあるビジネス界の大物たちからは軽んじられていたようだが、それもいっそうアルノーの野心に火をつけたであろうことは想像に難くない。

1987年10月の株価の暴落により、LVMHの株も下落する。虎視眈々とLVMHを狙っていたアルノーの会社は、LVMHの43％を安値で買い占めた。結果、40歳にならないうちに、アルノーはLVMHの会長になる。

1989年にはアルノーが実権を握り、世界屈指のラグジュアリーブランドグループを誕生させるという目標を達成した。以後、高級品業界の王者として、着々とグループの領域を拡大し続けている。

利益を最大化する仕組み

アルノーの財政面でのやり方は、「**マトリョーシカ（ロシア人形）**」方式と呼ばれる。

※コングロマリット（Conglomerate）：
さまざまなジャンルの事業を手がけている複合企業体のこと。主に、相乗効果を期待して異業種の会社の合併を繰り返して成立する大企業。

Aという会社の支配権を有するためには、Aの株を51％持っている別の会社Bの株を51％持っていればいいという仕組みである。LVMHの株を43％しか持っていないにもかかわらず、アルノーが全権を握ることができたのは、それ以外の13％の部分で影響力が及ぶようにしたためである※。

また、アルノー自身の個人的利益を優先させるため、グループ内で資金を回転させることもアルノーの特徴とされる。LVMHに属するジバンシィからジョン・ガリアーノを引き抜き、ディオールに移籍させたこともその一つの例かもしれない。

しかし、このガリアーノは後に、酔ってユダヤ人差別発言をしたとされる映像をインターネットに流され、即日ディオールを解雇されている。豊かな才能に恵まれ、飛ぶ鳥を落とす勢いで名声を高めていたガリアーノであったが、コレクションに次ぐコレクションで休む間もなく作り続けなくてはならないプレッシャーと闘っていた。酒に酔ってユダヤ人への憎悪を吐露した背景には、どこかサディスティックにデザイナーの引き抜きや契約を遂行し、金のためにデザイナーを冷酷に働かせるユダヤ人会長のアルノーに対する不満も含まれていたのではなかったろうか。あくまで憶測にすぎないが。

アルノーの野心は留まるところを知らず、２０１９年11月、LVMHはアメリカの

※出典：ステファヌ・マルシャン『高級ブランド戦争：ヴィトンとグッチの華麗なる戦い』（大西愛子訳、駿台曜曜社）2002年。

宝飾王手ティファニーを約1兆7658億円で買収することを発表した。さらなる帝国拡大のための足場を固めた。

高級ブランドの世界戦略がもたらした弊害

資本家が高級ブランドを買い集め、グループ化し、莫大な広告宣伝費を投下することにより市場ないし「トレンド」をコントロールし、その結果、生まれた都市の光景が、世界の都市部を同じように見せている。

デザイナーもいまや資本家の駒である。いや、ファッション業界ではもはやデザイナーと呼ばれなくなった。広告や店舗の見え方までコントロールする仕事を求められるため「クリエイティブ・ディレクター」と呼ばれるようになったが、そのような才能の持ち主は、資本家の都合に応じてブランドからブランドへ渡り歩き、短期間で利益を上げ続けなければならない。結果として、デザイナーの個性も薄くなり、元祖が創り上げたブランドの特徴もよくわからないものになっている。

資本家がラグジュアリーブランドのグローバル化を進め、「(お金さえ払えば)誰でも持てる」という民主化をもたらした結果、消費者も特定のブランドへの偏愛を失い、話題の(=資本家が広告宣伝費を投入した)ブランドからブランドへと渡り歩いている。

利益を上げなければ首が飛ぶデザイナーは、飽きっぽい消費者を逃がさないため、半年どころか3カ月で続々と新製品を世に出さなくてはならなくなった。従来の春夏、秋冬のコレクションに、「プレフォール」コレクション、「クルーズ」コレクションが加わるようになったのだ。早いサイクルで回るラグジュアリーブランド市場がこうして生まれた。結果として、ファストファッション業界と同じカテゴリー内にあるように見えてしまうという皮肉な現状を生んでいる。

ラグジュアリーとは何なのか？

混乱し、疲れ始めた消費者は、長持ちするもの、時間とともに豊かさを実感できるものを求め始めた。大量に売れ残った商品を焼却処分していたという某ブランドのニュースも消費者の覚醒を促した。ファッション産業は石油産業に次いで環境汚染を生み出しているという事実から、目を背けることはできなくなった。

ブランドの世界戦略に翻弄された消費者の疲弊と覚醒は、企業の「**サステナビリティ**」への取り組みを監視し、さらなる努力を企業に促す姿勢へと反転している。

「寛大な資本主義」を目指す
ケリングを率いる二代目経営トップ

フランソワ＝アンリ・ピノー

François-Henri Pinault（*1962〜*）

ケリングは、LVMHやリシュモンと並ぶ、世界最大のラグジュアリーグループの一つである。前身は１９６３年に**フランソワ・ピノー**が創業したピノー・グループ(PPR = Pinault-Printemps-Redoute)。１９９１年にパリの老舗百貨店プランタンを買収したことを機に、ファッション、レザーグッズ、ジュエリー、ウォッチを擁するグローバル企業として成長した。

現在は、グッチを中心にサンローラン、ボッテガ・ヴェネタ、バレンシアガ、アレキサンダー・マックイーンなど約※12のラグジュアリーブランドを傘下に持つ。ケリ

※本稿を書いている最中にも「ステラ・マッカートニー」がケリングを離れ、LVMH傘下に入るなど頻繁にブランドが入れ替わるので「約」とした。

ングと商号を改名したのは2013年、二代目となる**フランソワ＝アンリ・ピノー**の考え方を反映している。

ケリングという言葉は、グループのビジネス発祥の地、フランス北西部のブルターニュ地方で家や健康を意味する単語に現在進行形の「ing」を合わせた造語である。「Caring（関心を持って大切に扱う）」という意味もかけている。**社員、顧客、地球環境を持続的に大切に扱っていく**という意志表明ともとれる。

この商号からも伝わってくる通り、ケリングは現在、よりよい地球環境、よりよい労働環境、そして文化やアートを持続的に守っていくための「**サステナビリティ**（持続可能性）」実現において、ファッション界のリーダーシップをとっている。

私は、2018年9月、パリ、セーブル通り40番地にあるケリング本社を訪問し、アートやサステナビリティを経営と一体化させている先進的企業のCEOとしてフランソワ＝アンリ・ピノーにインタビューを行ったことがある※。

本社の新社屋となる建物は、1634年から2000年まで「ラエネック病院」として使われてきた。歴史的建造物に登録されるこの建物を、構想・建築合わせて10年かけてリノベーションし、2016年にケリングおよびバレンシアガ本社の新社屋として生まれ変わらせたのだ。

※出典：中野香織「ラグジュアリー・ビジネスに『アート』と『持続性』が必要な理由〜ケリング会長フランソワ＝アンリ・ピノー氏インタビュー」（Forbes Japan 2018年12月号）。

玉砂利が敷き詰められた前庭を通って、ルイ13世の治世下に造られた壮麗なチャペルに入ると、現代アートの数々が迎えてくれる。中庭には治癒効果のあるハーブが植えられ、風とともによい香りが漂ってくる。オフィス棟に入ると、最先端のテクノロジーを装備した機能的な仕事環境が広がる。その中にも植物やアートが散りばめられており、隣にいる人と作品について何か話をしたくなったりする。

この新社屋、つまり歴史遺産と自然、現代アート、そしてテクノロジーが融け合ったこうした仕事環境こそが、ケリングの目指すサステナビリティの方向性を雄弁に物語る。

ラエネック病院をリノベーションしたケリング本社
2018年9月訪問時に撮影

ミレニアルズ世代の顧客を満足させる

「ラグジュアリー」にまつわるイメージも、フランソワ＝アンリ・ピノーが変えた。世界全体では25歳から35歳までのラグジュアリーを利用する人口が２０１２年頃に比べて2倍になり、市場が変わっているということが大きい。２０１２年頃まではまだ、伝統や職人技術といった重みがラグジュアリーにとって不可欠だった。しかし、現代の若い顧客にはそれだけでは不十分になっている。ブランド情報なら豊富に持っているという新顧客に必要なのは、**感情に訴える創造的な表現**であるという。

感情に訴えるには、本物のクリエイティビティが必要になる。そのように考えたピノーは、「**クリエイティブ・リスク**」をとることにした。「リスクをとる」とは、すなわち、**全員を満足させようとせず、一部の顧客を失っても本物の創造性を発揮する**ことを意味する。

こうした意志のもと、自らの創造的な世界を持っている人材を起用していこうと、まずは2012年、サンローランにアーティスティック・ディレクター、エディ・スリマンを起用した。既製服だけではなく、ロゴや広告、店舗のデザイン、ブランド名に至るまで、すべてがディレクターの世界観で統一された。サンローランのロゴから「イヴ」をとるなど大胆な世界観の変容は賛否両論を巻き起こし、結果としてビジネスは成功を収めた（その後、エディはライバルグループのLVMHグループへ移った）。

この成功を受けて、2015年、グッチのクリエイティブ・ディレクターとして**アレッサンドロ・ミケーレ**を起用した。彼が展開する独特の世界観は年々濃度を増し、ミケーレの登場前後で都市部の景観や美醜の概念が変わった。2018年秋冬コレクションのショーではモデルが生首にも見える自分の顔の複製をアクセサリーとして持ち、ランウェイを歩いた。

ピノー会長がラグジュアリーの概念を変革しようと決めた2012年には何が起きたのか？

ソーシャルメディアが本格的に始動したのである。スマートフォンの画面のなかで、より人目を引くファッションが求められるようになった。バレンシアガの目立つロゴやグッチのぎょっとするようなスタイルには、視線が止まる。その結果、多くの承認を得られるならば、感情ないし自己表現欲は満足を得ることになる。ケリング傘下のブランドは、大胆不敵なクリエイションによって、「**ミレニアルズ**（1980〜2000年初期に生まれた世代）」と呼ばれた新世代の顧客の感情を満足させたのだ。

ジェネラス・キャピタリズムと格差問題

そうした戦略が功を奏し、2018年上半期の決算において、ケリングは前年同期比53・1％増の18億ユーロと過去最高の営業利益を記録した。

古い病院を修復して本社社屋として使うという態度にも表れているが、「**アートと文化、歴史を保護し、その成果を周囲の人々に還元することは企業の努めの一部**」とピノーは考えている。

だから、国の文化保護にも積極的である。たとえば、中世の恋愛物語「アベラールとエロイーズ」が実在したことを示す聖遺物箱も、ケリングは保護する。この箱に保管されていたのは、主人公たちの骨の一部である。この国宝的遺物は、ケリングの支援により、パリにある国立高等美術学校コレクションの仲間入りを果たした。

「ジェネラス・キャピタリズム（気前よき資本主義）」によって、周囲の文化的な環境に貢献し、ひるがえって自社も恩恵を受ける。そのような資本主義を目指すことこそが、ケリングが社是としている持続可能性ともつながってくるわけである。ピノーは次のように語る。

「世界で最も影響力のあるラグジュアリーグループになりたいですね。リスクをとって創造性を発揮して、その影響力を他の領域にももたらしていきたい。また、持続可能性の模範例となり、ソリューションを提供していきたい。この二つの責任を果たすことによって、

アベラールとエロイーズが実在していたことを証明する聖遺物

財務的な成功がもたらされるのが理想」

寛大なる資本主義の精神は、フランス文化の危機においても発揮された。2019年パリのノートルダム寺院が火災に遭った際、フランソワ＝アンリ・ピノーは一番乗りで1億ユーロを寄付した。LVMHのベルナール・アルノーは後れを取った分、寄付額を2倍にして、2億ユーロを寄付し、「善意のバトル」とメディアが表現する寄付合戦が始まった。多くの企業が続き、総計約10億ユーロの寄付が集まった。

こうした「寛大な資本主義」者たちに対し、フランスの人々は感謝するかといえばそうではなかった。深刻な貧困・格差問題は放置されるのに聖堂再建には富豪から莫大な寄付が集まるという事実に人々は怒りを募らせ、2018年から続く「黄色いベスト」による暴動は過激化した。2大ラグジュアリー企業の「気前よき」資本主義は、グローバルに広がる深刻な**格差問題**をも映し出していた。

ちなみに、ケリングは、パリの穀物取引所の美術館を、安藤忠雄の設計のもと大改装し、現代美術館をオープンする。対するLVMHは、そこから徒歩数分の距離に、妹島和世《せじまかずよ》の設計による新しいパリのランドマークを建設する。両者はビジネスにおいてだけでなく、社会への影響力においても、熾烈な闘いを続けているように見える。

環境問題に向き合う「ファッション協定」

格差問題とともに社会が取り組まねばならない切迫した課題として、**地球環境問題**がある。とりわけファッション業界は、ファッション産業が石油産業に次いで環境汚染を生み出している産業であるという認識の広がりを受けて、積極的な行動を起こしている。ここにおいてもリーダーとして存在感を発揮しているのがケリングである。

２０１９年8月、フランスで、ファッションとテキスタイル関連32社が気候・生物多様性・海洋について協力して実践的な目標を達成する「**ファッション協定**」を結んだ。これは、マクロン大統領がフランソワ・アンリ・ピノーに対し、ファッション業界の企業トップとともに目標を設定せよ、というミッションを与えたことを受けて生まれた協定で、ピノー会長の影響力と責任感の大きさがうかがわれる。

地球環境、社会環境のバランスが崩れ始め、危機に迫られている時代において、美しさや感情の満足といった数値で表せない価値によって成功した企業ができることは何なのか。ピノー会長の考え方、行動が一つの指針となっている。

「ファストファッション」を生み出した

アマンシオ・オルテガ

Amancio Ortega（1936〜　）

　2004年頃から2018年頃まで世界のファッション市場を席巻した「**ファストファッション**」は、すでに陰りを見せ始めている。一時は行列を誇った店舗も続々閉鎖され、地球環境の汚染の原因として槍玉にもあげられるなどの背景にも圧され、ブームの終焉を論じる声も多い。あれほど行列を作ったアメリカのファストファッションストアチェーン、**Forever 21**も破綻※、「永遠」には続かなかった。

　そのような状況のなかでも好調を保っているのが、スペインの**ZARA**を擁する**インディテックス**である。そもそも「ファストファッション」というジャンルを生み出した元祖も、ほかならぬZARAであった。

※Forever21は、2019年9月にアメリカ連邦破産法11条（日本の民事再生法に相当）の適用を申請し、経営破綻した。

ＺＡＲＡはスペインの西、ガリシア州ア・コルーニャで、**アマンシオ・オルテガ**が創業した。１９７５年、フランコ独裁政権が崩壊した年である。民主化の始まりと共に女性のファッションへの関心が高まった時代で、当初は婦人向けのバスローブとランジェリーを製造する事業として始まった。

ファストファッション誕生の経緯

オルテガは製品を作り、卸すという製造業は手がけていたものの、小売り事業は行っていなかった。小売り事業への進出はやむを得ず、開始された。ドイツのある卸先のために製造した商品がすべてキャンセルされ、在庫を換金しないと会社が倒産するという状況に陥ったからである。

やむを得ず、消費者に直接販売するという小売りを始めたところ、成功。また、スペインの百貨店のバイヤーが市場をまったく理解していない商品を要求してきたことにも失望を募らせていた。ならば自社で作った商品を自社で販売しようと決意し、ＺＡＲＡを本格的に開業するに至る。

当時はまだ、有名デザイナーが作りたいものを発表し、それから半年経ってようやく店頭に商品が並ぶというサイクルが「常識」だった。この方式をとると１シーズン

1サイクルのみで終了する。デザイナーの提案と顧客の需要が合致しなければ、そのシーズンの小売業者は惨敗を喫することになる。ほとんどギャンブルである。

しかし、ストリートを観察して消費者の需要をくみとっていたオルテガは、その「常識」を覆す。カリスマデザイナーを立てず、**ほどよく流行を取り入れた手ごろな価格帯の商品を短期間で作り、店頭に並べる。一週間様子を見て、売れないものは店頭から引き揚げ、売れる商品を作り足していく。**

このサイクルを**平均3週間**で回す。**1シーズンに少なくとも3サイクル**を回すことができるため、商品在庫を抱えるリスクも少なくなり、ヒット商品を出す可能性も高くなるというシステムである。トレンド色の強い商品は4週間以上、置かないので、ZARAの顧客は頻繁に訪れるようになる。顧客にとっても、訪れるたびに新鮮な商品を手ごろな価格で購入することができるので、双方にとってメリットは大きい。

早く、安く、手軽に作り、消費できる「ファストファッション」はかくして生まれたわけだが、齊藤孝浩『ユニクロ対ZARA』（日本経済新聞出版社）によれば、インディテックスの広報は「ファストファッション」と呼ばれることを潔《いさぎよ》しとしていない。ただ早くまわしているわけではなく、「**顧客の反応をいち早くフィードバックすることで需要予測の正確性を高めている**」※とのことである。

※出典：齊藤孝浩『ユニクロ対ＺＡＲＡ』（日本経済新聞出版社）2014年。

ブレない顧客第一主義

また、他の多くのファストファッションチェーンが、生産コストを下げるためにカンボジアや中国など労働力の安い土地で生産し、それが時に「倫理的」ではない労働搾取につながるとして糾弾されることも増えるなか、ＺＡＲＡは創業当初から本社のあるスペインおよび近隣のポルトガルやモロッコで生産している。

「世界中のすべての女性におしゃれになってほしい」

こうした信念を公言しているが、現在ではメンズウェアやインテリア商品も展開する。手ごろな価格の製品を適切なタイミングで提供することにより、いわば世界中の人々のファッション意識を底上げしたオルテガは、**あくまで顧客を主役と考える**ので、特定のクリエイティブ・ディレクターやデザイナーなどに脚光を当てることはない。

本人もメディアに出ることを嫌い、公開されている写真は、株式公開のときに提出した1枚のみ。自身のイメージと、ＺＡＲＡのブランドイメージがかぶることを避けるためという。また、有名人として不特定多数からの注目を浴びることを好まなかった。オルテガの父は鉄道労働者、母はメイドとして働いていた。オルテガは義務教育しか受けていない。13歳のときから家計を助けるために紳士シャツ店で働き始めたオルテガは、多くの顧客を観察し、**本当に必要とされるものを提供するために虚栄を一切排している**のだ。役員会でもスーツやタイを着用せず、カジュアルウェアで通した。

２０１１年、オルテガは引退を表明し、インディテックスの最高経営責任者（現会長）は**パブロ・イスラ**が引き継いだ。２０１９年1月期の売上高は３兆２４１９億円。２０１８年11月には１０６の市場で製品を購入できるグローバルＥＣサイトを導入した。

創始者のオルテガは現在、ガン撲滅のための早期発見機材を４４０機、スペインに取り入れるため３００ミリオンユーロを寄付するなど慈善家としても名を高めている。

インディテックスの
パブロ・イスラ会長

「コモディティ」なのに「コモディティ」を脱するストーリー構築で
ファッションの価値を変えたユニクロ

柳井正

Tadashi Yanai（*1949〜*　）

ユニクロといえば日本最大のアパレルチェーンであるのみならず、いまでは世界中で知られる日本を代表するファッションブランドである。ユニクロを中心とした企業グループ持ち株会社である**ファーストリテイリング**の2018年8月期の売上高は約2兆1300億円。ファーストリテイリングの代表取締役を務めるのが、**柳《やな》井《い》正《ただし》**である。「フォーブス」発表の日本の富豪ランキングでは1位、2位を保ち続けている。

柳井正は山口県宇部市生まれ。1949年、柳井正が生まれた年に、父の柳《やな》井《い》等《ひとし》がメンズショップ小郡《おごおり》商事を創業した。正は早稲田大学に進み、大手商社の就職を望んだがうまくいかず、父親の勧めによりジャスコなどで働いた後、帰省して小郡商事に入社する。同社は男性向けの衣料が中心だったが、日用品としての男女カジュアル衣料の販売店に方向転換し、全国展開を目指す。

日本がバブルに沸く1984年、父の跡を継いで小郡商事社長に就任。「ユニークな衣料（unique clothing）」ということで「ユニーク・クロージング・ウェアハウス（Unique Clothing Warehouse）」と銘打ち、まず広島市に一号店を開店、その後、中国地方を中心に続々と店舗を展開していった。

ユニクロの戦略

以下に列挙するように、多くの点で、ユニクロは画期的だった。

まず、DCブランドブームのさなか、年齢や好みなど対象顧客にターゲットを定めてブランディングを行うのが「常識」だった時代に、その真逆を行くような、**年齢・性別・好みを問わないベーシックな「部品」としての服**を取り扱ったこと。

また、価格の点でも、バブルのさなかにあって高いものも売れた時代に、そこそこの品質でありながら1000円台という**破格の低価格**で打ち出したこと。

さらに、接客の良し悪しで売り上げを左右されない、**セルフ販売スタイル**のチェーンストアとして**郊外のロードサイドに出店**したこと。

好調に発展し、1991年に社名を「ファーストリテイリング」に変更、98年には原宿に出店して「**フリースブーム**」を巻き起こす。1500円のカラフルなフリースを求めてファッショナブルな人々が行列する光景は、衝撃が大きく、話題を呼んだ。2001年にはロンドンにユニクロ海外1号店を開店。2006年には初のグローバル旗艦店をニューヨーク・ソーホーに出店するなど、着々と世界展開も進めてきた。

ユニクロの商品は、中国の工場で大量生産される「**コモディティ**」である。トレンドは追わず、毎シーズン、誰もが気負わず着ることができるカジュアルラインに商品を絞り込んである。また、高級感を避け、お得感を醸し出す「1900円」という**絶妙な価格帯**で商品を展開する。さらに、サイズ展開、カラーバリエーションを豊富にそろえ、欠品がほとんど出ないよう計画的に販売が行われている。

まさしく、日用品。しかし、柳井正は、コモディティにほかならないものを、既存のファッションのカテゴリーとも、既存のカジュアル衣料のカテゴリーとも、まったく異なる文脈で売っていった。

グローバルに通じるクリエイティブに強い広告代理店を活用したり、アートディレクターに佐藤可士和を起用し、デザインやCI（コーポレート・アイデンティティ）を一任したりして、都会的でグローバルな洗練されたブランドというイメージを発信し続けた。

カリスマ経営者の合理的なマーケティング

また、ジル・サンダー、イネス・ド・ラ・フレサンジュ、クリストフ・ルメール、カリーヌ・ロワトフェルドらとのコラボレーションも根気強く続けた。その結果、当初、「ユニ隠し」などと称してユニクロを着ていることを恥じていた消費者も、ユニクロのブランド戦略が浸透するころには、「ユニクロを着るライフスタイル」を送っていることを誇るようになっていった。

ユニクロの製品は野暮な安物などではなく、現代にふさわしい、ムダのない合理的なライフスタイルの象徴という位置づけに転じたのである。世界の老若男女の生活にここまで溶け込んだアパレル企業なんて、かつてあっただろうか。

それほどのグローバルブランドに育て上げた柳井正がメディアに頻繁に登場し、経営を語り、数々の著書を出版していることもまたブランドイメージに貢献している。

合理的で先見の明のあるカリスマ経営者による合理的なライフスタイルの象徴となった服の日常生活への浸透により、モードのサイクルに則って生み出されるアパレル製品の価値が恐ろしく下がった。

柳井正は、**ファッションの圏外でマーケティングを行う**ことにより、ファッションの意味や価値そのものを大きく変えてしまったのである。

ピッティ・イマージネ・ウオモを
メンズファッション発信源として成長させた

ラファエロ・ナポレオーネ

Raffaello Napoleone（*1954〜* ）

メンズファッションの流行は、どのように生まれるのか？　いや、それ以前に、微細な変化しかともなわないクラシックなスーツスタイルからスポーティーなストリートスタイル、性別不詳の前衛スタイルに至るまで百花繚乱の現代のメンズファッションの状況を、どのように把握したらよいのか？

最新の見取り図を明快に示してくれるのが、**ピッティ・イマージネ・ウオモ**（以下、ピッティ）である。イタリアのフィレンツェで年2回行われる世界最大のメンズファッションのトレードフェアである。たとえば、私が取材した2017年6月に開催された第92回のピッティでは、世界中から1220ブランドが出展し、1万9400人のバイヤーが訪れ、3万人のゲストが集まり、メンズファッションの一大祭典といった熱気が会場に充満していた。近隣のミラノコレクションが縮小の一途をたどるなか、いまも影響力を持ち続ける流行の発信源、それがピッティ・イマージネ・ウオモである。

かくも多くの人を動かすピッティ・ウオモを運営するのは、半官半民の組織である。フィレンツェ市、商工会議所、トスカーナ州という「官」と、イタリアの毛織物組合および零細なファッション企業、さらにイタリアを代表するファッションブランドという「民」が協力して開催している。

1951年の開始当初はイタリアの優秀なファッション産業を国内外に向けて紹介していたが、現在では全体の44・3パーセントを海外ブランドが占める。1989年に最高経営責任者（CEO）に就任して以来、ピッティ・ウオモをグローバルに、そして芸術的に進化させ続けているのが、ほかならぬ**ラファエロ・ナポレオーネ**である。

「1990年代から戦略的にリサーチをし、優秀なブランドをスカウトし、国際色を強めてきました。また、ファッションを本物の文化として一般の人にも認めてもらうために、アートとしてのファッションの見せ方にも工夫を重ねてきました」

このように、ナポレオーネは語る。

取材時も、ピッティ宮殿や旧タバコ工場といったフィレンツェの歴史的遺産を使って気鋭のブランドがアート色の強いショーを行ったほか、ピッティ・ディスカバリー財団がウフィツイ美術館、ガリエラ美術館などと協業して「儚《はかな》いファッションの美術館」展を催すなど、**ファッションをアートと融合させて表現する**数々の試みが強い印象を残した。

緻密なリサーチの成果は、見本市そのもののカテゴリー分けの方法に見ることができる。華やかなスーツスタイルのスナップも有名だが、実は百花繚乱の現在のメンズファッションをほぼ全方位にわたり扱っている。その最新の見取り図を明快に示してくれるのもピッティ・ウオモなのである。「伝統ブランドのモダンスタイル」「実験的な前衛スタイル」「スポーツテイストを加味した反体制的ストリートスタイル」そして「新世代の職人技が光る先駆的デザイン」など、会場の地図を俯瞰すると、混沌とした現在のメンズファッションの状況が整理されているのがわかる。**知的なアートディレクション**である。

「E-ピッティ」というオンライン取引のシステムを整備するなど、続々と新たな取り組みを成功させている辣腕のナポレオーネに、出展者を選ぶ基準を聞くと、このような答えが返ってきた。

「鼻とハート、そして好奇心ですよ」

鋭い嗅覚と情熱とユーモアによっても多方面から厚い信愛を得るCEOのもと、ピッティ・ウオモは世界における存在感を増した。そこでバイヤーが買う商品が世界中で販売されるばかりか、来訪者の着こなしそのものが**「ピッティ・スナップ」**として次なるスタイリングのヒントとなり、各国に持ち帰られる。かくしてピッティは、**リアルなメンズファッションの流行の発信源**となっている。

フィレンツェで開催されたピッティ・ウオモにて(2017年6月)。
写真を撮られるために着飾る男性たちが「ピッティ・スナップ」を賑わせる（筆者撮影）

「人間主義的経営」により地域復興まで成し遂げた

ブルネロ・クチネリ

Brunello Cucinelli（1953〜　）

人が捨てない「サステナブル」な服。地域復興。人間らしい働き方——。

いま、問われている課題をいち早く理想的に解決し、「**人間主義的**」なファッションビジネスを展開することで広い意味での成功を収めているのが、イタリアの**ブルネロ・クチネリ**である。同名のラグジュアリーブランドのデザイナーにして最高経営責任者（CEO）であり、「哲学者」とも評される。

ブルネロ・クチネリはニット、とりわけ最高級のカシミアを使った宝石のように美しいカラーニットを得意とする。創業は1978年。クチネリの現在の妻フェデリカが地元で洋品店を営んでいたことから、ニットの会社を興した。ニット以外にもメンズ、レディスのテイラードウェアやカジュアルウェア、ライフスタイルコレクションと広い範囲をカバーする。とはいえ、過度な「トレンド」に振り回されず、手仕事による芸術的な仕上がりのものが多く、高価だが、「捨てられる」こととほぼ無縁なので末長く着ることができる。本当の意味で**サステナブル**である。

ブルネロ・クチネリの展示会に行くと、おみやげとして用意されているのは、イタリアのウンブリア州ソロメオ村のオリーブオイルである。ソロメオ村は、同社の本社がある村である。

中世の面影を残すソロメオ村はクチネリの妻フェデリカの故郷であり、クチネリはこの地を30年以上かけて修復した。劇場、図書館、職人育成学校を作り、1985年以降、ブルネロ・クチネリの本社を置き、地域のおよそ1000人（グローバルで約1700人、2018年時点）の幸福な雇用を創り出している。

創業者のクチネリは、自らをソロメオ村の「管理人・番人」であると位置づける。2014年から進められていた第二期修復事業「美に関するプロジェクト＝A Project for Beauty」による公園造営も完

ソロメオ村のブルネロ クチネリ本社工場

成させた。本社のある敷地に「産業公園」、サッカー場を含む「スポーツ・運動公園」、地産地消用に栽培される果物、ワイン、野菜を作る「農業公園」。地域に開かれたこの敷地では、人々は自由に果物をもぎ取りながら散歩することができる。また、敷地内には「人間の尊厳に捧げる（TRIBUTO ALLA DIGNITA DELL'UMO）」モニュメントも作られた。

本社工場に視線を戻すと、従業員が働く建物は天井が高く光があふれ、窓からはオリーブの樹をはじめ、ソロメオ村の豊かな自然を見渡すことができる。1時間半にわたるランチタイムの食堂では、地元の食材を使った料理が提供される。17時半の終業時刻には、社員は全員、帰宅している。

豊かな働き方が遵守されながらも、イタリアの平均賃金よりも高給が支給される。**「地域を豊かに復興させ、働く人々を幸せにする」**というクチネリの企業姿勢の反映である。

こうしたクチネリの姿勢を生んだのは、幼少時の父の姿だった。ペルージャの農家に生まれた彼は、電気も水道もない環境で育った。農業をやめ、街の工場に働きに出るようになった父は、その背中や表情から、人の尊厳を守られていない様子を漂わせていた。クチネリが人間性、人間の尊厳が正しく扱われる企業を作ろうと決意したのは、そのためである。

一つひとつの製品を高価にし、大切にされ、捨てられないものにまで高めるのも、そんな姿勢の反映である。

「**人は大切にされれば、心が自由になり、仕事にも集中できる**」という信念を持つクチネリは、**人も、製品も、地域も、大切に扱うことが大切だ**というメッセージを発信し続けているし、実際、会う人とは丁寧に接するため、ファンも多い。

地元地域では、そのまま継続することが難しい300ほどの家族的規模の工房や工場と提携し、伝統的職人技術の維持や向上を後押ししている。製品とともに、製品が生み出される循環が作られ、地域経済の維持・発展につながっている。

企業経営がクチネリの人生観を実践するための場として機能し、結果として、社員が幸福に働き、地域復興も成し遂げられ、ブランドそのものも成長する。そんな経営姿勢は、ますます厳しく企業の**SDGs**（持続可能な開発目標）が問われる現在、一つの理想を体現する具体例となるだろう。

ナイキを4兆円企業に育てた信念のリスクテイカー

マーク・パーカー

Mark Parker（*1955〜*　）

アメリカのビジネス誌「ファスト・カンパニー」は、2019年の「デザイン・カンパニー・オブ・ジ・イヤー」賞にふさわしい会社として、**ナイキ**を選んだ。デジタルプラットフォームとアナログ店舗を巧みに連動させる戦略が高く評価された。

2006年からCEOとして同社を率いてきたのは、**マーク・パーカー**（2020年1月にCEOを退任）。パーカーは、学生時代は陸上選手だった。1979年にブルーリボン・スポーツ社（現ナイキ）にシューズデザイナーとして入社する。2001年から2006年までの間、ナイキブランドの社長を経て、2006年より社長兼CEOとなる。2008年には年間売り上げ1兆7600億円の企業に成長させた。

2015年には「フォーチュン」誌で「ビジネスパーソン・オブ・ジ・イヤー」に選ばれている。2016年以降は、会長も兼任、2018年5月期の売上高は約4兆400億円を記録した。傘下にはコンバースやジョーダン、ハーレーも擁し、ブランドコングロマリットとしてはLVMHの5兆8064億円に次ぐ2位となっている。

2017年には事業の高効率化を図り、1000人のリストラを断行するなど大胆な経営判断をすることでも知られるが、彼の大胆な判断が最も物議をかもしたのは、2018年9月に、アメリカン・フットボールの**コリン・キャパニック選手**を起用した広告キャンペーンであろう。

コリン・キャパニックは2016年8月、NFL公式戦の国家斉唱の際に、起立せず膝をつくという抗議の姿勢を示したことで、一躍、世界に名を知られる選手となった。黒人に対する警察官の暴力事件が契機だったが、アメリカが人種差別のない本来の国家の姿を取り戻すまで抗議を続けるという政治的な意志表明だった。他のチームの選手にも賛同者が出て賛否両論が巻き起こり、ト

アメリカン・フットボールの
コリン・キャパニック選手

ランプ大統領が脅迫めいた強い非難のツイートを行うまでの事態になっていた。

２０１６年シーズン終了後は、キャパニックに新たな契約のオファーが入らず、フリーエージェントの状態が続いているが、それでも、選手生命よりも人種差別をなくすほうが自分にとっては死活問題とばかり、彼は信念を曲げなかった。

２０１８年９月、ナイキは「ジャスト・ドゥ・イット（ただ行動せよ）」キャンペーン30周年を記念する広告に、夢をかなえた多くのアスリートたちの一人として、キャパニックを選ぶ。キャパニックの顔写真には「信念を貫け。たとえそれがすべてを犠牲にすることになろうとも」と書かれていた。この広告も賛否両論を巻き起こし、反対派は、ナイキ製品を燃やす写真をＳＮＳに投稿したりした。

実際、広告公開直後にナイキの株価は急落したが、最終的にオンラインの売り上げは31％上昇し、２０１７年の同時期の2倍になった。**たとえ一部の顧客を失おうとも、信念を貫く人をブレずに支え続けた**ナイキのブランド価値も上昇した。

「夢がクレイジーかどうかを問うな。その夢が十分にクレイジーなのかを問え」とＣＭでメッセージを送るキャパニック。リスクをとっても彼を支え続けるＣＥＯのパーカーには、一部の団体からの激しい非難が続くのだが、２０１９年９月、ナイキはキャパニックの広告により「クリエイティブ・アーツ・エミー賞」を受賞した。

些細な炎上や世間の目を気にして日和見主義的な、あるいは無難な広告に走る企業があふれるなか、文字通りの炎上（ナイキ製品を燃やす人も続出した）にもブレず、信念を貫く人を支え続けるという姿勢そのものが結果としてナイキブランドの価値を高めた。

パーカーは退任したが、企業の倫理観や社会貢献まで問われる時代の先頭を、リスクをとりつつ走り続けた姿勢は、社会問題に対する人々の覚醒まで促したという点で、後世に語り継がれていくだろう。

第6章

翻弄するのか？　翻弄されるのか？
時代の寵児、クリエイティブ・ディレクター

クチュリエからデザイナー、そしてクリエイティブ・ディレクター、アーティスティック・ディレクターへ。アパレル製品の送り手の呼び名も推移する。

ファッションブランドが資本家によるＭ＆Ａ（買収・合併）の対象となるとともに、クリエイティブ・ディレクターが資本家の意のままにブランドを転々とすることも出てきた。そのような状況のなかで、ブランドのＤＮＡとうまく折り合いをつけるディレクターもいれば、わが道を行くディレクターもいる。

いずれにせよ、その流儀は本人のキャラクターを色濃く反映する。自身の名前を掲げるディレクターにしても、ブランドイメージは、自らの考え方や行動、人柄の延長上に確立している。

美しさや共感によって人の心を動かし、消費者の行動を促す**ファッションビジネスにおいては、成功のセオリーというものを見つけにくい。唯一無二のブランドは、唯一無二の個性から生まれていることが多いからである。**

この章では、オリジンに根差した独自の流儀でビジネスを展開し、ブランドを成功させたクリエイティブ・ディレクターを紹介する。

戦略・広告・ブランディング時代を先導した
元祖クリエイティブ・ディレクター

トム・フォード

Tom Ford（*1961〜*　）

ヴェニス映画祭での
トム・フォード（2009年）

「**クリエイティブ・ディレクター**」という肩書きが目に留まることが増えたのは、**トム・フォード**の活躍が注目を浴びて以降のことである。

1990年代以降、ブランドビジネスがグローバル化するにともない、ファッションデザイナーは、服やバッグのデザインをするだけでなく、マーケティングや広告、販促活動、店舗展開まですべて一貫したスタイルのもとにブランドイメージを統括・指揮するようになった。このような責任を担う人を「クリエイティブ・ディレクター」と呼ぶ（あまりにも、この肩書きが増えたため、「アーティスティック・ディレクター」

と呼ぶ企業もある）。ビジネスマンにしてアーティストのような役割を担う人であるが、トム・フォードは、この分野の先駆者である。

彼は1990年、不振に苦しんでいた「**グッチ**」のデザインスタッフに加わり、94年にクリエイティブ・ディレクターに就任。ブランドイメージをセクシーに刷新し、世界でグッチ熱を再燃させ、CEOの**ドメニコ・デ・ソーレ**とともにブランドを再建した。

2000年以降は、**イヴ・サンローラン**が引退した後の同ブランドのクリエイティブ・ディレクターも兼任。こちらもフランスのシックなメゾンから、グラマラスなグローバルブランドへとイメージを転換させ、経済的な成功をもたらした。「**広告はデザインの最終局面である**」という考え方のもとに採用したビジネス戦略は、その後、他の多くのラグジュアリーブランドも競って展開するようになる。

両ブランドを退任してのち、2005年にデ・ソーレとともに自身のブランドを設立。メンズ、レディス、香水、化粧品、時計、下着と着々と発展を続けている。2008年には映画『007』シリーズの主役で、英国紳士たるジェームズ・ボンドが着るスーツも提供している。グローバルなマーケティング戦略全盛の時代に活躍するスパイが着る衣装として、時代を見抜く慧眼を持つアメリカ人、トム・フォードの作るスーツが実にしっくり似合っていた。フォードは同年、ＣＦＤＡ（アメリカファッションデザイナーズ協議会）のメンズ・デザイナー・オブ・ザ・イヤーも受賞した。

２００９年には、初の監督作品となる映画『シングルマン』を発表した。主演のコリン・ファースがベネチア国際映画祭で男優賞を受賞するなど高い評価を博し、アーティストとしての確かな才能を世に印象づけた。２０１６年には『ノクターナル・アニマルズ』も発表、ベネチア国際映画祭審査員賞を受賞している。

27年来のパートナーである男性と同性婚を発表したことでも話題になった。ＬＧＢＴ（性的少数者）と肩肘はることなく、淡々と個人の幸福を追求しながら、ラグジュアリービジネスの先頭をスマートに走り続ける、「戦略・広告・ブランディング」時代を創ったテキサス生まれのカリスマである。

２０１９年には、**ダイアン・フォン・ファステンバーグ**の後を継ぎ、ＣＦＤＡの会長を務めることになった。コスメティック、香水も好調で、アメリカにおけるグロッシーな「美」の世界で多大な影響力を持つ非凡で多才なディレクターとして君臨し続けている。

栄華と闇の間に引き裂かれた「殉教者」

リー・アレキサンダー・マックイーン

Lee Alexander McQueen（1969〜2010）

2009年のアレキサンダー・マックイーン

「**アレキサンダー・マックイーン**」といえば、いまやイギリスを代表するブランドの名前である。イギリス王室のキャサリン妃のウェディングドレスは、このブランドの現クリエイティブ・ディレクターであるサラ・バートンが手がけた。とはいえ、創始者の人生と伝説のショーの数々は、ロイヤルなイメージの対極にあった。

リー・アレキサンダー・マックイーンは、ロンドンの下町で6人兄弟の末っ子として生まれた。父はタクシー運転手。授業中に服の絵ばかり描いていた彼のキャリアのスタートは16歳である。イギリスのスーツの聖地サヴィル・ロウ※、イタリアのロメオ・ジリで働いた後、ロンドンの名門校セントラル・セント・マーチンズ修士コースで学

※サヴィル・ロウ（Savile Row）：
ロンドン中心部のメイフェアにある通り。オーダーメイドの名門高級紳士服店が立ち並ぶ。

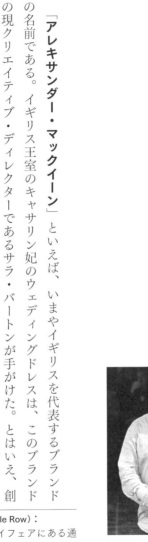

ぶ。卒業コレクションが有名スタイリスト、**イザベラ・ブロウ**の目に留まり、本格的にデザイナーとしてデビューを果たす。

リーのショーは衝撃的である。**闇、醜、怒り、不安、恐怖のなかから美を引き出す。**得体のしれない感情がざわつくこともある。そこに最先端のテクノロジーやハプニングが加わり、賛否両論を巻き起こす。「アンファン・テリブル（おそるべき子供）」として時代の寵児となった彼は、英国デザイナー賞を連続受賞する。

そんなリーに目をつけたのが、ベルナール・アルノー率いる**LVMH**。グループ傘下のジバンシィのデザイナーとしてリーを抜擢する。ロンドンの自身のブランドと、パリのジバンシィ、両方を回していくために一時は年14回のショーを行っていた。富と名声を得たリーであったが、薬物に溺れるようになり、脂肪吸引手術により変貌を遂げ、恩義のある人々にも冷酷にあたるようになっていく。

物心両面で面倒を見てくれたイザベラ・ブロウにも意地悪な仕打ちを行って決別したり、LVMHのライバルだったグッチグループ（現ケリング）に「マックイーン」の株51%を売却してLVMHを激怒させたりする。

ブロウが自死し、最愛の母も亡くなり、心身を消耗したリーは2010年2月、母の葬儀の直前に自ら命を絶った。40歳の若さだった。

2019年に公開されたマックイーンのドキュメンタリー映画『マックイーン：モードの反逆児』では、無一文からファッション界の階段を駆け上がり、栄華を極めた後、心身のバランスを失い、自死を遂げるまでの彼の人生の春夏秋冬が、人々の証言や映像でエモーショナルに描かれている。彼の魂の叫びのようなショーのハイライトの映像を見ていると、デザイナーが、自らの心の闇を表現することときらびやかな外部の期待に応えることとの矛盾に引き裂かれた殉教者のようにも見えてくる。

そんなリーの生き方も遺産として受け継ぐ現在の「アレキサンダー・マックイーン」は、「反逆」「闇」を象徴するブランドとして、たとえば21世紀版『シャーロック』のモリアーティが好んで着用する。同時に、「反逆」「前衛」もまたイギリスの伝統の一つとしてロイヤルメンバーにも着用される。何を表現しても上質なのだ。

創業者の苦闘に満ちた人生もまた両極を表現できるスパイスとして愛される、これもまたイギリス的な、皮肉な結果である。

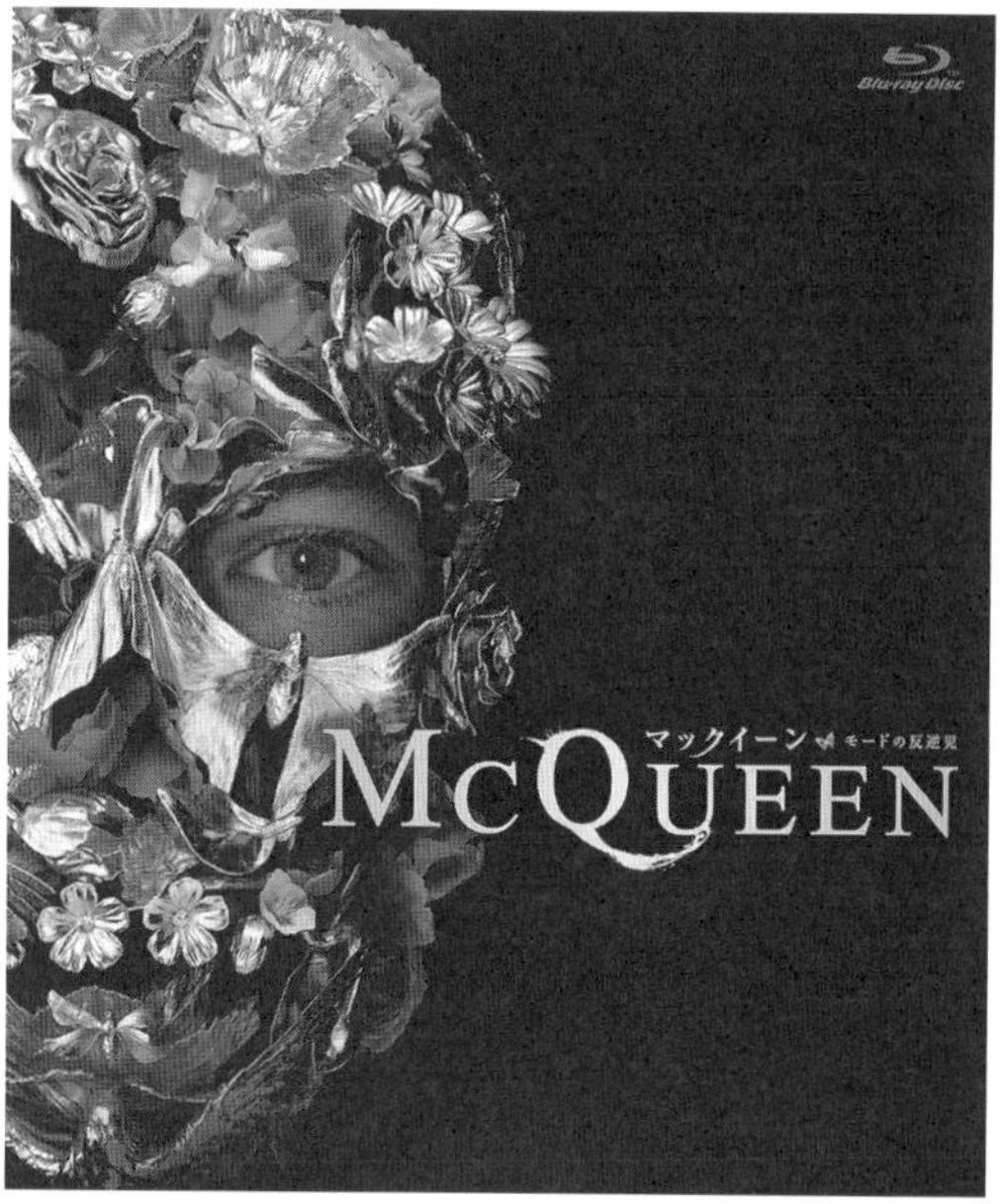

『マックイーン：モードの反逆児』Blu-ray & DVD
発売元：キノフィルムズ／木下グループ
販売元：ハピネット・メディアマーケティング

栄光の絶頂からどん底へ、
そして見事な復活を果たした

ジョン・ガリアーノ

John Galliano（*1960〜*　）

ジブラルタル（イギリス領）に生まれた**ジョン・ガリアーノ**は、6歳のときにロンドンに移住。1984年、名門セントラル・セント・マーチンズのモード科を首席で卒業する。翌年、ロンドンコレクションでデビューを果たし、89年にはパリ・オートクチュール協会から招聘《しょうへい》され、91年にはパリコレの正式メンバーになるなど、キャリアのスタートは順調であった。

95年に**ジバンシィ**のクリエイティブ・ディレクターに抜擢された後、96年、**クリスチャン・ディオール**のディレクターに就任する。高度なテクニックを駆使して豪華で迫力あるエレガンスの世界を創出するガリアーノとの相性は抜群だった。ド派手なショーの最後に登場するガリアーノの姿も、毎回、宇宙飛行士だったり海賊だったりとコスプレさながらの華やかさで人気を得ており、ディオールというブランドとガリアーノとの蜜月関係は永遠に続くものと思われていた。２００９年にはフランスのレジオン・ドヌール勲章まで受勲していた。

ところが、２０１１年2月24日、コレクションの準備の真っ只中に、疲れたガリアーノはスキャンダルを起こす。酒に酔ったガリアーノがユダヤ人を差別する暴言を吐いたとされる模様を、あるカップルが動画に映し、インターネットに流したのである。これは瞬時に世界に広がり、ガリアーノは人種差別発言の嫌疑で拘束された。３月１日には、ディオール社から解任され、その後、自身のブランド「**John Galliano**」のデザイナーも解任されるに至った。ちなみに、ディオール社を擁するLVMHグループの会長、ベルナール・アルノーはユダヤ人である。

モードのサイクルがあまりにも早すぎて、質を保ったまま膨大な作品を作り続けなければならないクリエイティブ・ディレクターのプレッシャーは並大抵ではなく、鬼才マックイーンの悲劇に続き、天才ガリアーノもそのシステムにつぶされたと誰もが思った。

それから3年経った2014年、ガリアーノは、**メゾン マルタン マルジェラ**のクリエイティブ・ディレクターに就任して見事に復活を果たす。どん底の4年間について、ガリアーノは「WWD」のインタビューに答え、このように語っている。

「4年間、鉛筆をとることができなかった。自分を許せなかったから。（自分を許せるようになるまで）本当にたくさんの努力が必要だった」※

絶望から這い上がり、確かな自信を得たガリアーノは、もはやかつてのようにワイルドな姿で人前に現れることもない。バッグやスニーカーなどのヒット商品を出すなど着実に実績を積み上げ、「マルジェラ」の売り上げを就任時から倍増させた。2019年秋には、「マルジェラ」との契約更新が発表され、「マルジェラ」の親会社OTBのレンツォ・ロッソ会長とのツーショットが喜ばしいニュースとして流れた。

※出典：ジョン・ガリアーノ インタビュー前編「どん底から這い上がった彼を満たす幸福感とは」（WWDジャパン vol.1909、2016年3月21日）。

何をやっても、どこへ行っても
繊細でロックな永遠の少年

エディ・スリマン

Hedi Slimane（*1968〜*）

フランス版「ヴァニティ・フェア」は、2018年に最も世界に影響を与えたフランス人として、ファッションデザイナーにして写真家の**エディ・スリマン**を第一位に選んだ。

エディはチュニジア系の父とイタリア系の母のもと、1968年、パリに生まれた。パリ政治学院を卒業後、ルーブル美術学校で美術と歴史を学ぶ。

彼の名が最初にとどろいたのは2000年、**クリスチャン・ディオール**がメンズ部門「**ディオール オム**」を始めるにあたり、クリエイティブ・ディレクターとしてエ

2015年のエディ・スリマン

ディ・スリマンを招聘したときである。彼が発表したスキニーなシルエットの**「男を小さく見せる」スーツ**は、賛否両論を巻き起こしたが、ドイツ出身のファッションデザイナーであり写真家でもあるカール・ラガーフェルド（次節参照）がエディのスーツを着るために減量したり、ハリウッドスターのブラッド・ピットがジェニファー・アニストンとの結婚式に着るウェディングスーツをエディに依頼したりと影響力は大きく、その後、メンズスーツのトレンドは細身になっていった。量販店のスーツまでスキニーなシルエットに変わるに至り、エディ前とエディ後では男らしさの基準に明らかな変化が見られた。少年の繊細さにロックなテイストが加味された男性像は、その後、手がけるブランドが変わろうとも大きく変化していない。

２００７年にはディオール オムを退任、後任には彼の助手だったクリス・ヴァン・アッシュが就く。エディはしばらく写真家として活躍していたが、２０１２年、ＰＰＲ（現ケリング）傘下の**イヴ・サンローラン**のクリエイティブ・ディレクターに就任する。イヴ・サンローランのアトリエはパリにあるが、エディはロサンゼルスにクリエイティブスタジオを置き、チームはパリとロスを往復してクリエイションを行った。ブランド名から「イヴ」を削除し、「サンローラン」と変え、ロゴまで変更してしまったことをはじめ、創始者イヴ・サンローランのエレガンスとはほぼ無縁なロックテイストを貫いた方向でブランドを導いたエディは、従来のサンローランのファンを落胆させる一方、新しい世代のファンを獲得した。

2018年、エディはLVMHグループの傘下にある**セリーヌ**の「アーティスティック、クリエイティブ&イメージディレクター」に就任した。エディは前職で行ったことと同じようなことをやった。つまり、セリーヌ（Céline）のブランドロゴから「e」のアクサン（アクセント記号）を取り、文字デザインも変更して「CELINE」にするとともに、エディ印の繊細なロックテイスト全開のコレクションを発表して物議をかもしたのである。前デザイナーである**フィービー・ファイロ**のファンは、フィービー時代のセリーヌのバッグを高値で取引することでLVMHの判断に抵抗した。

どのようなブランドを手がけようとも、どこにいても何をやっても、エディ・スリマンは悪びれることなく淡々とエディ・スリマンであり続ける。創始者の名と根強いファンを背負うブランドのディレクターになろうとも、**創始者の功績をスルーしてわが道を貫く**。エディのファンは失わない。ブランドは、エディ・スリマン。エディ・スリマンはこれも一つのクリエイティブな流儀として世界に認知させてしまったのである。

カール・ラガーフェルド

「フリーランスデザイナー」の成功例を作り、自己演出で別格の高みに上った大帝

Karl Lagerfeld（1933～2019）

長らくモード界の頂点に君臨したデザイナーにして写真家、**カール・ラガーフェルド**が2019年に生涯を閉じたとき、多くの人々が深い哀悼の意を表した。トレードマークは銀髪のポニーテールとサングラス、そして銀のアクセサリー。それに高い襟のシャツと革手袋。ブレず動じず、どこか謎めいていて辛辣でユーモラスな独特の寸言を放つ。「カール大帝」の異名をとり、別格のステイタスを保ち続けた。

亡くなる直前まで、**シャネル**と**フェンディ**のクリエイティブ・ディレクターをかけ持ちしていたが、一時は四つのメゾンのディレクターを兼任するという驚異的な仕事

モナコのレッドクロス舞踏会でのカール・ラガーフェルド（2005年）

量をこなしていた。ファストファッションからコカ・コーラまで自由自在に協業したり、書店のプロデュースやピアノのデザインを手がけたりと、常にニュースになる仕事ぶりで話題を振りまくことも怠らなかった。

エディ・スリマンがディオール オムで話題を振りまいた2000年代の初めには、細身のスーツを着たいという理由で、13カ月で42kgの減量にも成功。そのような怪物的な仕事と神秘的な私生活に、本人の強烈なカリスマ性が加わり、生きているうちから伝説として語られていた。

カール・ラガーフェルドはドイツ北部のハンブルグに生まれた。ファッションを学んだのは、パリ・オートクチュール組合が経営する学校においてであった。同級生にはアルジェリアから来た**イヴ・サンローラン**がいた。その後、ピエール バルマン、ジャン パトゥ、シャルル ジョルダン、ヴァレンティノなど多くのメゾンでキャリアを積んだ。

フリーランスのデザイナーとして「**クロエ**」と契約したのが、1964年。協業は78年まで続き、92年には再びクロエのデザイナーに復帰する。

65年にはイタリアの毛皮ブランド「**フェンディ**」と契約。伝統的な毛皮コートを刷新すると同時に、フェンディの頭文字と「ファン・ファー（楽しい毛皮）」の頭文字をかけた「F」を二つ組み合わせるロゴもデザインした。契約はその後、50年以上も続いた。

このようにラガーフェルドは**フリーランスとしてブランドのデザイン職に携わるという方式の最初の成功例**となり、以後、このやり方が一般化する契機となるわけだが、そのドラマチックな成功例が、「**シャネル**」との契約である。

老舗メゾンであるシャネルは、創業者ココ・シャネルが1971年に亡くなった後、低迷していた。ラガーフェルドが最初のオファーを受けたときに、周囲から大反対を受けたという。しかし、彼は二度目のオファーを受け、1983年のオートクチュール、84年のプレタポルテ（既製服）からシャネルブランドのデザインを開始した。結果は目覚ましいもので、シャネルブランドはデザイン性、話題性、販売、すべてにおいて復活を遂げた。

この見事な復活劇に刺激され、ベルナール・アルノーは、ジャン・フランコ・フェレをクリスチャン・ディオールのデザイナーに据えてブランドの復活を図った。また、グッチもトム・フォードを投入してブランドの再興を成し遂げた。こうした現象の先駆けとなったのがラガーフェルドだったのである。
また、ラガーフェルドはハイブランドばかりではなく、２００４年にファストファションH&Mとの協業も行って世間を驚かせた。H&Mはラガーフェルド以降、毎年、著名なデザイナーとのコラボレーションを行うことになった。

85歳で亡くなったラガーフェルドは、ココ・シャネルと同様、死の直前まで働いていた。

ドキュメンタリー映画『ファッションを創る男：カール・ラガーフェルド』では、完璧主義者のデザイナーの生い立ちや舞台裏とともに、率直な心の内が明かされる。その厳しくも魅惑的な言葉の数々に魅了されずにはいられない。

「日常生活のすべてにおいて、月並みな関係などゴメンだ」
「自己演出をしすぎたので、いまとなっては本当の自分などわからない」
「私のような人間にとって孤独は勝ち取るもの。ファッションという虚飾の世界で生きるには、一人で充電する時間が要る」

ライフスタイル誌「GQ」のインタビューでは、「私は自分の生き方に合ったことにしか誘惑されません」とも語っている。自分自身を知り、使命を見極め、ストイックに努力し続ける人だけがたどり着ける華麗な境地。大量のコレクションを世に送り続けなければならないプレッシャーに押しつぶされることがなかったのは、この**透徹した自己理解に基づく徹底的なセルフコントロール**の賜物であろう。

シャネルもフェンディも大成功に導いたものの、自身のブランド「カール・ラガーフェルド」は成功を収めることがなかったというのは、なんと皮肉なことなのか。

「半ズボンスーツ」で衝撃をもたらした

トム・ブラウン

Thom Browne（*1965〜*　）

2001年にメンズファッションのデザイナーとしてデビューした**トム・ブラウン**は、スーツの世界に衝撃をもたらした。従来のスーツは、手足をバランスよく長く見せ、男性に威厳を与える役割を果たしてきたが、トムは、**手首が見える小さめの上着と、膝上丈あるいは足首丈のズボンで構成するスーツ**を作ったのだ。一見、スーツ全体が縮んだかのような印象を与える服は当初、「子供服のようだ」とすら評された。

ところが、やがてその絶妙なバランスに魅了されていく。前衛的でありながら端正、奇妙なのにくつろいでいる、というトム独特の世界に引き込まれていくのである。見慣れるとは恐ろしいもので、ここ数年、半ズボンスーツも着実に普及しており、いまやトム・ブラウンは半ズボンスーツの代名詞として知られるほどである。

イギリスを発祥とするスーツの規範においては、足首は見せてはならないものであった。したがって、紳士はズボンの裾と靴をつなぐためのホーズ（布製のストッキングないし長めのソックス）を履く。トム・ブラウンにおいては、そうしたルールの圏外にある。ズボンと靴の間に広がる空間は、これを着こなす男性は、**従来の「常識」の圏外**にいるアートな存在であると主張するかのようでもある。

デザイナー本人の装いも、どこか奇妙なのに安定感がある。足首丈や膝丈ズボンのグレースーツに白いシャツ、グレーのタイはシルバーのタイピンで留め、足元は黒の革靴、という一定のスタイルを保っている。髪型も高い位置に視線が行くように刈り込まれていて、厳かな印象すら受ける。

トム・ブラウンは、2006年にCFDA（アメリカファッションデザイナーズ協議会）からメンズウェア部門の最も優れたデザイナーとして表彰を受け、アメリカの老舗ブランド「**ブルックス ブラザーズ**」や、ダウンジャケットで有名な「**モンクレール**」で、新シリーズのデザイナーも務めた。クラシックなスーツなどを扱う、どちらかといえば保守的なメンズウェアの市場で、社会的な信頼感と、斬新に未来を切り開くイメージを両立させる高級服を創り出している。
女性服にも進出し、2013年のオバマ米大統領（当時）の就任式典では、夫人のミシェル・オバマがトム・ブラウンのコートドレスを着用した。ネクタイに用いるシルク生地で仕立てた光沢のある新感覚のコートドレスは、ミシェルの鋭い時代感覚と芯の強い美しさを引き立てた。

トム・ブラウンは、白日夢《はくじつむ》のような、芸術的な舞台装置で新作を発表することでも知られている。たとえば2016年春夏メンズコレクションは、ネオジャポニスムがテーマだった。日本庭園を模した会場にはかかしが並び、大和絵で彩られた足首丈のグレースーツに足袋《たび》とゲタを履いたモデルが行進した。

「常識」を揺さぶられ、異次元に連れていかれるような感覚で病みつきになる、不思議な魔法をかけるディレクターである。

トムが共に暮らすパートナーは、メトロポリタン美術館コスチューム・インスティテュートの名物学芸員、アンドリュー・ボルトンである。ドキュメンタリー映画『メットガラ』では、実にさりげなくパートナー同士として登場している。

「多様性と包摂」社会実現のための
情熱で疾走する

ヴァージル・アブロー

Virgil Abloh（1980～　）

現在、メンズファッションの分野で、最も時代を先導するクリエイティブ・ディレクターとして注目を集めるのは、**ルイ・ヴィトン**のディレクターとして2018年に初コレクションを披露した**ヴァージル・アブロー**である。

ガーナ系の両親のもとに生まれたアメリカ人で、大学院で建築学を学んだ後、音楽業界に出入りするようになり、米ヒップホップ界の大物であるカニエ・ウェストと出会って衣裳を担当し、ファッションの世界に入った。

2013年に自らのブランド「**オフ-ホワイト　c／o　ヴァージル　アブロー**」を立

ち上げて「**ラグジュアリー・ストリート**」という新たなジャンルの急先鋒としてファンを増やしていく。それまでストリートウェアは存在したけれど、安っぽいサブカテゴリーと見られていた。ヴァージルはそれを知的で高級な、主流のモードに格上げしたのである。同時に、音楽やセレブリティを巻き込んで、ラグジュアリー・ストリートというジャンルを一種の「カルチャー」に変えてしまった。

2017年にはナイキや家具のイケアともコラボして可能性を広げ続け、2018年3月にパリの老舗ルイ・ヴィトンのメンズ部門のアーティスティック・ディレクターに任命され、モード界を騒然とさせた。フランスを代表する巨大ブランドのこの地位に黒人が就任するのは初めてのことで、しかもヴァージルがブランドを立ち上げてからわずか5年くらいの急展開だったからである。

パリ中心部にあるパレ・ロワイヤルで行われたデビューコレクションでは、レインボーカラーに塗り分けられた長いランウェイが設置された。ゲストの後ろに立つのはルイ・ヴィトン本店で働く約500名のスタッフとファッションを学ぶ学生たち。全身真っ白にコーディネートされた服を着た黒人モデルたちの後に続くのは、レインボーカラーの服をまとったモデルたちで、彼らの出身は南極を除くすべての大陸にまたがっていた。人種、国境、階級、ジャンルなど、あらゆる垣根を取り払い、民主的に並べて表現してみせたことで、**「多様性と包摂」**の時代を鮮やかに象徴する画期的なショーとなった。

イギリスの大手新聞紙「ガーディアン」の報道によると、ヴァージルの両親は息子の大舞台を見るために初めてパリを訪れていた。母はショーの前に「クールにやりなさい」と息子に助言したという。ショーはたしかにクールだったが、終了後、ランウェイに現れたヴァージルは流れる涙を隠そうとせず、カニエ・ウェストと抱き合いしばらく泣き続けていた。

感情を抑えておくことがクールの定義であったとすれば、熱い思いをほとばしらせるこの振る舞いはクールの対極にある。しかし、ヴァージルの涙を見て、思わされた。感情をこのように素直に表現することこそが、垣根を払って多様な人々とつながるために最も大切なことなのではないかと。

クールな多様性社会を実現させるのは、熱い情熱を持つ「人」なのだということを、ヴァージルは存在そのもので示し続ける。

反時代的なまでにラグジュアリーを極めつつ、
ミレニアルズ戦略に試行錯誤する

ドメニコ・ドルチェ&ステファノ・ガッバーナ

Domenico Dolce（1958〜　）

Stefano Gabbana（1962〜　）

ブランドの**M&A**（合併と買収）によりクリエイティブ・ディレクターが頻繁に変わるブランドも多いなか、**ドルチェ&ガッバーナ**は、創業からディレクターが変わらず、また、企業買収戦争に巻き込まれることなく独立を保ち続ける数少ないブランドの一つである。

ドルチェ&ガッバーナは、イタリアのシチリア生まれの**ドメニコ・ドルチェ**とミラノ出身の**ステファノ・ガッバーナ**という二人のデザイナーが設立したブランドである。デビューは1985年のミラノ。イタリアという固有な土地から生まれた官能的で力強い女性像（想起すべきイメージはイタリア出身の女優、モニカ・ベルッチ）、そして自由で多様な冒険を楽しめる進化した男性像を提案する。

一方、プレタポルテ（既製服）のショーには、どのブランドにも先駆けて「ムスリムファッション」を取り入れたり、ミレニアル世代を登場させたり、ドローンにバッグを運ばせたり、多様な体型・年齢のモデルを登場させたりと、その時々の社会や世相を映し出すような新鮮な話題を提供し続けている。

オートクチュールのビジネスは重要視しているが、パリのクチュール組合には加盟していない。春夏はミラノ、秋冬はイタリア国内の各都市で世界中の顧客を対象とした親密な空間でのショーや展示会を開催するほか、世界の各都市を巡行してショーや展示会を行うというスタイルをとっている。

２０１７年には、デザイナーデュオ、ドメニコ・ドルチェとステファノ・ガッバーナが二人そろって二十数年ぶりに来日して、大々的なショーを行った。満開の桜が、４月14

2017年、四半世紀ぶりに来日したステファノ・ガッバーナ（左）とドメニコ・ドルチェ（右）

日、東京・上野にある国立博物館・表慶館の中に持ち込まれた。ルネサンス期イタリアの貴婦人の肖像画が見守り、パヴァロッティがオペラを歌いあげるなか、ドルチェ&ガッバーナによる101ピースものアルタ・モーダ（女性用のオートクチュール）と**アルタ・サルトリア**（男性用のオートクチュール）のコレクションが披露された。

花々の刺繍があしらわれた高級素材を多用したドレスやスーツは反時代的なまでに贅《ぜい》を極め、高度なテクニックが自然のモチーフや色彩を乱舞させる、豊潤で普遍的な美の世界が立ち現われた。

日本への賛歌がテーマのコレクションだが、日本の生地や素材は一切、使っていなかった。ドメニコは、その理由を問う筆者に答え、次のように語っている。

「アルタ・モーダはイタリアの素材を使い、イタリアの技術を駆使して作り上げるイタリアのモードです。そこに**フュージョン（融合）は持ち込みません**」※

それでも、このコレクションは、日本人にとってリアリティがあり、日本に対する愛を伝えるものだった。理由は、モデルである。

ドルチェ&ガッバーナは、日本に敬意を表するコレクションを発表するにあたり、

※出典：中野香織「ドルチェ＆ガッバーナ オートクチュール 色彩乱舞 日本への賛歌」（『日本経済新聞』The STYLE、2017年5月14日）。

日本人として平均的な体型の男女のモデルを起用し、彼らが着て美しく見えるバランスの服を作り上げた。西洋人に比べて厚みよりもむしろ幅のある体型、なめらかな肌、そして黒い髪。こうした要素を最大限に美しく引き立てるための、最高級の服。これ以上の敬意の表現はあるだろうか。日頃、日本のファッション誌がいかに西洋人（風）のモデルに偏り、ゆえに「普通の」日本人が無意識にコンプレックスを感じさせられているかに気づかされる。

彼らのフュージョン嫌いは、最近の流行である「ジェンダーレス」に対しても向けられる。

「ジェンダーレスは（男と女の）フュージョンです。あり得ない」

グローバリゼーションを嫌い、**それぞれの土地に根差した固有の文化を大切にすべきと考える**彼らは、男と女も、**それぞれの性別に由来する違いを明確に表現すべき**、と信じる。だからドルチェ＆ガッバーナのドレスを着ると、女性としての身体を否応《いやおう》なく意識させられる。結果としてマインドも変わる。それがアティテュード（態度）として表現されるのだ。

花の刺繍をあしらわれたスーツを着る男性も、決して「女性的」ではない。

「男性は進化しているのです。強いばかりではなく、ロマンティックにも、華やかにもなれる。こうでなければという概念から解放されて、より自由になっています」

このように二人は語る。ほかの誰かをうらやんだり真似したりする必要はない。日本、ひいては自分だけが持つ魅力に自信を持ち、それを外に向かって表現することの大切さを二人は示した。

101ピースはショー終了後の3日間をかけて受注販売された。成果に気をよくした二人は、同じ年（2017年）の秋に再度、来日し、イタリア大使館を使って壮大なショーを行った。

2018年には、この大成功は上海においてもたらされるはずであった。

2017年秋にイタリア大使館で披露されたコレクション（筆者撮影）

しかし、ショーの直前に、ドルチェ&ガッバーナが中国への友愛のメッセージのつもりで流した動画が大炎上した。中国の若い女性が箸でピザやパスタをぎこちなく食べるというオリジナル映像で、「中国をバカにしている」とSNSで非難された。

さらに、ステファノが「diet prada」というファッション業界ポリスのようなインスタグラマーと交わしたダイレクトメッセージのなかで、中国を排泄物にたとえるような表現を入れてしまった。この一部をdiet pradaが流出させ、炎上に油を注いだ。デザイナー（ステファノ）が「アカウントがハックされた。メッセージは私が書いたものではない」と言い逃れをしようとしたことで取り返しがつかなくなり、ショーに出場予定だったモデルは続々とキャンセルした。ショーが中止になったばかりか、中国でビジネスをするほとんどすべてのECサイトからドルチェ&ガッバーナの商品の取り扱いが中止された。デザイナーの二人はすぐに謝罪の動画を流したが、ダメージを回復することは難しかった。

これからの**ラグジュアリーブランドの成否のカギを握るミレニアルズ**（2000年代以降に生まれた若い世代）、そして**アジア（とりわけ中国）に対する戦略**をいち早く積極的に取り入れている二人のディレクターは、ブランドのローカリゼーションに試行錯誤を重ねながらも、独自路線を走り続ける。

美に制限を設けず、
人間性を解放した

アレッサンドロ・ミケーレ

Alessandro Michele（1972〜　）

アレッサンドロ・ミケーレが2015年1月、イタリアの老舗ブランド「**グッチ**」のクリエイティブ・ディレクターに就任して以来、モード界のムードは一変した。ミケーレ前とミケーレ後で、ジェンダーの概念、美醜の境界、アイデンティティに対する態度などに斬新な視点がもたらされ、世界の都市部の景色を変えているのだ。
最初のコレクションのコンセプトだった「**ジェンダー・フルイディティ（ジェンダーは変動する）**」によって、LGBTばかりか多くの人がジェンダーの足枷を外されたような自由を感じた。

続くいくつかのコレクションでは、ありえない色や柄を過剰に組み合わせて、「**タッキー（Tacky）**」（ダサいからこそ素敵）という一つの「美」のカテゴリーを作ってしまった。結果、ファッション界の主流にあった、とりすましたアッパークラスの美男美女のイメージは、古くさく退屈なものになってしまった。

美醜の基準を揺るがす感覚はさらに進化し、ミケーレの生み出す世界は、「**キャンプ（camp）**」という美意識を主流に押し上げた。

キャンプとは、芝居がかかっていたり、過剰であったり、悪趣味だったり、皮肉が効いていたり、ゆえにたまらない魅力となるような感覚のことである。1964年にアメリカの作家、スーザン・ソンタグが『「キャンプ」についての覚書』を書いたことで広く知られるようになった。語源はフランス語の「se camper」。「身構える」とか「立ちはだかる」という意味である。「常識」を振りかざす社会に対して立ちはだかり、過剰なほどの皮肉を効かせ、挑発してみせるところにキャンプの真骨頂がある。社会性を帯びた劇場型悪趣味といえようか。

毎年、旬な文化的テーマを掲げてファッション展を開催する「**メトロポリタン美術館衣装研究所**」は、2019年の展覧会のテーマを「キャンプ（camp）」と発表した。同年5月に行われた「メットガラ」（ファッションイベント。283頁参照）は、ミケーレも主催側の一人となり、奇想天外な「キャンプ」な衣裳で度肝を抜いたレディ・ガガやゼンデイヤらがニュースになった。

ミケーレが行っていることは、奇想天外に見えて、実は、ヒューマニティに根差している。彼は**「美に制限はない」「ルールもない」**と語り※、精神の深いところまで降りていき、**人間をあらゆる呪縛から解放しようとしている。**病院や生育などが出てくるおどろおどろしいショーは、ダークで不気味なファンタジーも臆せず自由に解放することが、真の人間性の解放につながるという彼の考え方の表現である。

ミケーレにとってバッグや靴や洋服は、生きづらい世界を少しでも生きやすくするための彼のアイデアを伝える「架け橋」である。あらゆる時代、あらゆる文化のエッセンスをミケーレの脳内に投げ込んで、そこから何の制限も加えられずアウトプットされた自由奔放なアイデアの具象、それがミケーレによるグッチの作品、といってもいい。脈絡がないのかといえばそうでもなく、各シーズンは、映画や長編小説の一章のように、連綿とつながりを持っている。

そんなミケーレによるグッチは、毎シーズン、思索を誘うテーマを投げかけるが、2019年秋冬のテーマは、「仮面」であった。仮面は正体を偽る装置でもあるが、自己を隠したつもりが、逆に露わになることも多い。

※出典：フランク・ブルーニによるミケーレのインタビュー「アレッサンドロ・ミケーレ」（T Japan: The New York Times Style Magazine、2018年11月25日）。

ファッションも同じである。自己表現の手段にもできれば、自己隠蔽の武器とすることもできる。しかし、表現したつもりの自己と別の自分を伝えてしまったり、隠したつもりが逆に本当の姿を露呈させたりする。本人の意図とは裏腹に、見る人は多くの真実を読み取ってしまう。そんなファッションの深さを考えさせる。

ミケーレによって心の抑圧を放つ自由に目覚めた人々は、「ＬＧＢＴＱ」を公言し、お仕着せではない独自の視点でソーシャルメディアで自己表現するようになった。トム・フォード時代のグッチは繁栄と性的な快楽主義に彩られたセクシーでゴージャスな世界で、それはそれでビル・クリントンが大統領だったころの繁栄の時代にふさわしかった。一方、ミケーレのグッチは、旧社会のシステムや倫理が崩壊し、混迷する社会のなかで自分らしい自由を探す人々に支持され、個々の人の心に根差す真の意味での多様性社会を後押ししている。

最も話題と共感を集めるブランドとして生まれ変わったグッチは、再びかつての経済的成功を取り戻すと同時に、文化的な威信まで備えている。

「自由奔放な生命力」でブランドを押し上げる

キーン・エトロ

Kean Etro（1964〜　）

明治大学中野キャンパスにて講義するキーン・エトロ（2017年10月、筆者撮影）

キーン・エトロは、イタリアのファッションブランド「**エトロ**」のメンズ部門を統括するクリエイティブ・ディレクターである。ブランド創始者**ジンモ・エトロ**の次男としてミラノに生まれ、スイスのカレッジを卒業。イギリスのケンブリッジ大学と母国のミラノ大学で中世・近世史を学んでいる。

創始者ジンモ・エトロは1968年にテキスタイル・デザインの会社としてエトロを興した。インドのカシミール地方で生産されていたショールからヒントを得た文様《もんよう》を、自らの手で再現するためである。ジンモの祖母が愛用していたカシミール地方のショールが契機だったと伝えられている。19世紀後半に失われていたカシミール文様はこうして、植物を幾何学的に描いた「**ペイズリー柄**」としてよみがえった。エトロはこの柄にイタリアが好む大胆でモダンなアレンジを加え、その結果、オリエントとイタリアが融合した独特の色柄のデザインは人気を博した。ペイズリー柄はエトロと不可分であり、柄を前面に押し出していない商品であっても「隠れペイズリー」が発見できることがある。

ジンモの四人の子供の一人であるキーン・エトロは、1986年にファミリービジネスでもあるエトロ社に入社する。彼の入社によって、エトロの印象は、伝統的なペイズリー柄をモチーフとする穏やかなテキスタイル&ファブリックの会社から、斬新で活気あふれるファッションブランドへと大きく変わり、フレグランス（香水や化粧品など、香りを楽しむ商品）、レディスファッション、メンズファッションへとビジネスを拡大した。この変化にはキーンの人柄が多大に貢献している。

2017年10月半ばに彼が9年ぶりの来日を果たした折に、当時、私が特任教授として勤めていた明治大学の授業でゲスト講師として話していただく機会に恵まれ、その人柄を目の当たりにした。情熱的に語り、自由奔放に動き回り、豪放に笑ったかと思えば疲れたと寝転んで周囲をお茶目に翻弄。陽気でエネルギーにあふれたサービス精神を発揮し続けて一瞬たりとも大ホールの学生を飽きさせない。

一方、舞台裏では周囲の人に細やかに気を配り、教養に裏打ちされたおおらかな語り口で話し、野性的なヘアスタイルながら、しぐさ一つにもミラノの上流階級の洗練を感じさせる。

キーンが手がけたプロモーション映像のなかに「**すべての善きものは、ワイルドで自由**」という言葉が出てくる。「ワイルドで自由」なあり方を都会的にプレゼンテーションするとこのようになる、という魅力的な模範例がキーン・エトロその人なのであった。


「**自分自身が五感で素直に感じることこそが作品のヒントになる**」

「**どんな作品にも必要なのは、愛**」

「**インスピレーションとは呼吸でもある。深く呼吸しよう**」


こうした数々の言葉を残して嵐のように去っていったキーン氏は、**生命力を全肯定することから創造が生まれる**ということを全身で教え示したのであった。ペイズリー柄は原生動物や植物の種、初期の胎児などの形と似ていることから、生命力を象徴する模様とされていたことを改めて思い出させた。

美しさによって心を動かし、行動を促すファッションビジネスには、いわゆる「成功のセオリー」というものが見つけにくい。

個々のクリエイターや経営者が、それぞれの個性を全開にし、そのオリジンに根差した独自の流儀で展開したビジネスが、結果として市場の共感を呼び、唯一無二の「ブランド」となって成功がもたらされる。

何が「化ける」か、わからないともいわれるファッションビジネスの面白さは、まさしくこの点にある。

第7章

グローバル・ニッチ市場で勝負するクリエイター

「ニッチ（niche）」とは、西洋の建築において、彫像や花瓶などを置くために、暖炉の上など厚みのある壁をえぐった窪みの部分をさす。

窪み（ニッチ）にぴたりとはまる壺というイメージから、限られた部分にツボを押さえてすんなりと入り込み、圧倒的な強さを発揮する人ないし産業を「**グローバル・ニッチ・トップ**」と表現する。

ニッチ市場は大企業の間尺に合わない。むしろ規模はあまり問題にならない。市場が求める要求水準の高さに応える圧倒的な技術力と際立った個性的魅力を持つブランドが、唯一無二のポジションを獲得する場合、グローバル・ニッチ・トップは成立する。

ファッションの世界にも、ニッチは存在する。高級香水、ウェディングドレス、ハイヒール、ユーモラスなハンドバッグ、かかとのない靴……。

この章では、グローバル・ニッチ・トップの地位を獲得したクリエイターを紹介する。そこに市場があるから参入するというより、**熱意によって市場を彫り出したクリエイターが勝者となっている**ことに改めて気づかされる。

ウェディングドレス、
フィギュアスケート衣裳なら！

ヴェラ・ウォン

Vera Wang（*1949〜*　）

2007年のヴェラ・ウォン

冬季オリンピックの花形競技の一つ、フィギュアスケート。技術的な要素に芸術性が加わることで、スポーツを超えた感動を与えてくれる。衣裳によって印象を左右されるところも大きい競技である。美しくも危険な動きの邪魔をせず、選手の力と個性を最大限に引き出し、かつ映像映えするドラマチックな効果も与える。そんな難度の高いフィギュアの衣裳デザイナーとしてアメリカのスケート界で殿堂入りしているのが、**ヴェラ・ウォン**である。

ナンシー・ケリガン、ミシェル・クワン、そして男性ではエヴァン・ライサチェクなど歴代メダリストの衣裳をデザインしてきた。記憶に焼きつくヴェラの衣裳も、彼らを伝説の存在に高める一助として貢献している。

中国系アメリカ人のヴェラ・ウォンは、ウェディングドレスのデザイナーとしてのほうがむしろ名を知られているかもしれない。しかし、元来、彼女自身はスケーターだった。8歳からスケートを始め、1968年には全米フィギュアスケート選手権に出場するほどの実力の持ち主。同年、オリンピックの選考から漏れた時点で、ファッションの道に転向した。

ヴェラは最年少で「ヴォーグ」編集者となり、17年間働いた後、ラルフ・ローレン社に2年勤め、40歳でブライダルウェアのデザイナーとして独立した。

契機になったのが、自身の結婚だった。40歳で結婚するにあたり、現代感覚と洗練を兼ね備えたドレスが市場になく、**自分が着たいと思えるドレスをデザイン**した。1990年、ニューヨークのカーライルホテル※に自身のサロンを開く。結果として、ヴェラはウェディング界に革命を起こし、その世界の第一人者となった。大胆なカッティングと細部までこだわった職人技術を絶妙に組み合わせ、芸術品のようなドレスを作るのだ。

※カーライルホテル（The Carlyle, A Rosewood Hotel）：
正式名称は「ザ カーライル-ア ローズウッド ホテル」。ニューヨークの最高級ホテルのなかでも別格として扱われ、ニューヨークの文化的ランドマークとなっているホテル。

マーケティング戦略も巧みである。イヴァンカ・トランプ、チェルシー・クリントンら政治家の子女をはじめ、ヴィクトリア・ベッカムなどファッション感度の高い著名人がこぞってヴェラのウェディングドレスを着ることで、世界中で知名度を上げていった。

また、選ばれた一流のドレスショップでしか取り扱いを許さず、ヴェラ・ウォンを扱うということはドレスショップにとってもステイタスの証であるという認識を根づかせた。

2005年にはCFDA（アメリカファッションデザイナーズ協議会）より「ウィメンズウェア・デザイナー・オブ・ザ・イヤー」を受賞、実力を不動のものとして世に証明した。

「成功とは結果ではなく、過程で何を学ぶかを意味する」

これは、ヴェラの言葉。挫折も含めたすべての経験から得た学びを活かし、既製服、メガネ、香水へと事業を展開、すべてにおいて最高のクオリティを提供することで「美の権威」として進化を続けている。

ヴェラ・ウォンのキャリアが示すことは、**ニッチ市場は市場規模が小さいからといって甘く見ては損だということ。むしろ徹底的に完成度を極め、稀少度をさらに極めることによって逆に市場価値は上昇する。**そこまでいけば、影響力はニッチを超えて幅広く及ぶようになっていく。

世界に影響力を持つブランドを目指すならば、最初から「幅広く」手がけるよりも、むしろ「**狭く、深く、鋭く**」のヴェラ方式のほうがはるかに早く確実である。

広告を打たず、
一生ものの服を目指す

ドリス・ヴァン・ノッテン

Dries Van Noten（1958～　）

ファストファッションの隆盛により、洋服は大量生産・大量消費され、半年もたずに消えてしまうことが増えた。一方、巨大ブランドグループの市場支配により、トレンドは膨大な資本を投下して、宣伝やマーケティング戦略により恣意的に作り出せるものになった。

そのような潮流から超越し、時代を超えて着続けられる服を創り、広告も一切行わないのに25年間も自己資金だけで独立ブランドを保ち続けてきた※デザイナーがいる。ベルギーの**ドリス・ヴァン・ノッテン**である。

※2018年、ドリス・ヴァン・ノッテンは、フレグランスを手がけるスペインの大手「プーチ」グループの傘下に入った。

ドリスの父はメンズウェアショップを所有、祖父は仕立屋だった。ドリスは1980年にアントワープ王立芸術アカデミーを卒業し、1986年に「アントワープの六人」の一人としてロンドンでメンズウェアを発表したことから、デザイナーとしてのキャリアが始まった。

ミニマリズム※全盛の1990年代には、個性を強く打ち出す彼の作品は「エキセントリック」すぎてトレンドから脱落していたが、2000年代の中頃、再び注目を浴びるようになった。2005年、ニューヨーク・タイムズはドリスを「もっとも理知的なデザイナーの一人」と評し、2008年にはCFDA（アメリカファッションデザイナーズ協議会）からインターナショナルアワードを受賞する。同年、アカデミー賞授賞式でオーストラリア出身の女優、ケイト・ブランシェットがドリス・ヴァン・ノッテンの深紫のロングドレスを着用したことも貢献し、世界に知名度を広げた。

ドリスはいまも、売れそうなバッグなどの小物は作らず、メンズとレディスの既製服のみで世界と勝負する。

そんな唯一無二のブランドを牽引するドリスの仕事と生活に一年間密着して撮影されたドキュメンタリー映画がある。ライナー・ホルツェマー監督による『ドリス・ヴ

※ミニマリズム（Minimalism）**：**
ムダな要素をすべて省き、最小限にすることにより本来人間の持つ感覚を回復させ、内面性を浮かび上がらせようとする、1960年代のアメリカに登場した表現スタイル。

アン・ノッテン：ファブリックと花を愛する男』である。世界中に特注した生地が並ぶアトリエ、ショーの舞台裏、インドの刺繍工房、そしてアントワープ郊外の邸宅でのパートナーとの暮らしなど、ドリスの創作人生のすべてが明らかになる豊潤な力作である。

なぜ、彼は時代の波にのまれずに成功したのか？

その理由を探るべく見ていたのだが、驚きとともに腑に落ちたことがある。

仕事がシステム化されていないのである。

彼は、服作りの過程を人生そのものの反映とみなしている。だから、常に素材から全力を注いで作り上げるという姿勢は一貫しているものの、仕事のやり方には決まったシステムもルーティーンもないのである。

変化に富んだ人生に身を置きたいと考え、毎シーズン、**自分自身に驚きを与えるような服作りを目指す。「醜さ」に心をざわつかされ、「嫌いなもの」にヒントを得たら、それも率直に反映させる。**

賛否両論を浴びることもあるが、つらいときは「耐え忍ぶ」。インドの刺繍工房に駐在員を置いてまで仕事を発注するのは、彼らの職人技術が失われないようにするためだ。そんなドリスの生き方や考え方そのものが、美醜をぎりぎりのバランスで配合された存在感のある服に反映されて、その服に込められた誠意と情熱は、時代を超えて人を魅了する。そのようにして丁寧に作られた服は、トレンドに左右されず、一生ものとして愛される。

人生のあらゆる局面に等しくエネルギーを注ぎ、日々を最大限に丁寧に生きることをイノベーションの源とするデザイナーが教えるのは、**方法論にとらわれず、対象によって変化する仕事のプロセスそのものを楽しむ**ということ。それが、すなわち、「**生きることを楽しむ**」ということに直結している。

生きることを楽しむ、これを「人生の成功」と呼ばずなんと呼ぼう。ドリスのファンは、デザイナーのそのような姿勢も含めて彼の服を支持している。

「遊び心」と「上質さ」を
兼ね備えるバッグなら！

アニヤ・ハインドマーチ

Anya Hindmarch（1968〜　）

ファッションデザイナーに比べ、バッグデザイナーとしてすぐ名前が挙がるデザイナーはそれほど多くはない。なかでも傑出した存在が、イギリスの**アニヤ・ハインドマーチ**である。自身の名を冠したブランドを持ち、五人の子供の母でもある。

ハインドマーチがバッグに目覚めたのは16歳のとき、母から贈られたグッチの古いバッグに興味をかきたてられた。そして、１９８６年、彼女が18歳のとき、イタリアのフィレンツエに出かけ、約1年ほど勉強する。ハインドマーチはいくばくかの借金をして、イタリア製のバッグをフィレンツェからイギリスに輸入する仕事を始める。

「ハーパース・アンド・クイーン」誌に掲載されたバッグは500個売れた。当初、イタリアの工場に依頼してバッグを作っていたが、その工場が直接、彼女のデザインのバッグを小売業者に卸し始めたので、英国内でバッグを作り始めたのである。

1992年には、ハインドマーチのバッグは、ロンドン、ニューヨーク、日本、フランス、そしてイタリアのラグジュアリー商品を扱う店舗で販売されるまでになった。初期のデザインこそイタリアに影響を受けているが、現在のハインドマーチのバッグは、イギリス的なユーモアにあふれ、**パーソナライゼーション**（持つ人一人ひとりにカスタマイズできること）も特徴である。

2001年に「**ビー・ア・バッグ**」（バッグになっちゃえ）が登場したときには世間を驚かせた。自分の好きな写真を印刷してバッグにしてしまうという発想であった。安っぽいプリントではなく、上質な素材を使い、高度な職人技術によって作られた製品であることで、高額でも支持された。

アニヤ・ハインドマーチの名が世界的に認知されたきっかけは、2007年に出した「I'm NOT A plastic bag」（これはレジ袋ではありません）と書かれたレジ袋型のエコバッグであった。いかにもイギリスらしいユーモアが効いたこのエコバッグは、世界の都市部で行列を生み、限定数が5ポンド（二千円弱）で瞬く間に完売した。エコバッグブームの火つけ役となると同時に、モード界が「**エコ・エシカル**（倫理に則り、地球環境にやさしい）」時代に突入したことを鮮やかに印象づけた、歴史に残るバッグとなった。このバッグはその日のうちにネット上にて高価格で取引され、なにが「倫理的」なのかさっぱりわからないという皮肉な現象まで発生させた。

ファッション界への貢献が認められ、2006年、2007年、2015年には「グラマー」誌の「デザイナー・オブ・ザ・イヤー」を受賞。2007年にはイギリスのファッションアワードの「デザイナーブランド・オブ・ザ・イヤー」を受賞。ほかにも多数の団体から賞を受けている。イギリスのファッション産業への貢献が認められ、2009年には大英帝国5等勲章（MBE）、2017年には同3等勲章（CBE）を受賞している。

かくも大御所になろうとも、ハインドマーチは決して守りに入らない。機能的で上品なバッグとともに、突拍子もないデザインも発表して私たちを楽しませ続けてくれる。たとえば2014年は、ケロッグとのコラボレーションを行った。コーンフレークの箱に書かれているキャラクター、オレンジ色のトニー君が鮮やかなブルーのバッグに柄として取り入れられた。「ファションフリーク（マニア）」ならぬ「ファッションフレーク」というわけで、思わず笑みがこぼれるのである。

上質なレザーで丁寧に作り込まれ、茶目っ気と品格を同居させている点が、アニヤ・ハインドマーチの根強い人気を支えている。

「ふざけて見えるものほど、品質を高めておくことが大事」

これは、ハインドマーチ本人のことばである。

来日時に彼女にお会いする機会があり、ミニブーケをいただいた。添えられたカードには、彼女が好きだという、19世紀末に活躍したアイルランド出身の作家、オスカー・ワイルドの言葉が記されていた。「あなた自身であれ。ほかの誰かはすでにその人のもの」。パーソナライゼーションへの配慮は、彼女がこうした考え方を支持する姿勢の証でもある。

エネルギッシュで遊び心たっぷりでありながら、オープンな心で周囲を温かくしていく。どこにもないユニークで革新的なバッグは、デザイナーの人柄そのものの反映でもあることを、お会いして納得した。

官能的で都会的な靴を生む
別格の巨匠

マノロ・ブラニク

Manolo Blahnik（1942〜 ）

浮沈の激しいモード界で、35年以上、別格の天才として君臨する靴デザイナーがいる。

アメリカのファッション・ライフスタイル雑誌「ヴォーグ」編集長のアナ・ウィンターが「もう他の人の靴は履かない。見もしないわ」と絶賛し、映画監督のソフィア・コッポラが『マリー・アントワネット』製作の際に18世紀のフランス王妃にふさわしい靴としてデザインを依頼し、故ダイアナ妃がここ一番の場面で自信を持ちたいときに頼みの綱とした靴デザイナー、**マノロ・ブラニク**である。

2017年のマノロ・ブラニク

アメリカのドラマ『セックス・アンド・ザ・シティ』では主人公のキャリーが「マノロ」の靴を買いすぎて破産しかけるというエピソードが出てくるし、日本のドラマ『花より男子』では、ヒロインの牧野つくしが憧れの女性から「美しい靴は美しい場所へ連れて行ってくれるのよ」とマノロ・ブラニクの靴をプレゼントされる。

現実世界においてもフィクションにおいても「マノロ」は憧れの靴の代名詞になっているのだ。マノロの靴とともに埋葬してほしいと願う女性がいるほど、多くの女性を虜にする。

マノロ・ブラニクはチェコ人の父とスペイン人の母のもと、スペイン領のカナリア島で生まれた。父は1930年代に母国（チェコ）にファシズムが台頭してきたとき、プラハを離れている。その両親、つまりマノロの祖父母は、共産主義が政権を取った1950年代に行方不明になっている。

マノロの母の実家はバナナのプランテーションを所有し、彼はそこで子供時代を過ごした。ドキュメンタリー映画『マノロ・ブラニク：トカゲに靴を作った少年』は、幼少時にすでにチョコレートの包み紙でトカゲのために靴を作って遊んでいた少年マノロを描いている。

両親は息子マノロを外交官にしようとしてジェノヴァ大学に入学させ、政治と法律を学ばせようとしたが、マノロは専攻を文学と建築に変更した。

卒業後、彼はパリに移り、古着店で働く傍ら、美術や舞台デザインなどを学ぶ。69年にはロンドンに移り、ブティックのバイヤーをしながらイタリア版「ヴォーグ」に記事を書いたりしていた。

伝説の「ヴォーグ」編集長、**ダイアナ・ヴリーランド**（263頁参照）と運命の出会いを果たすのはその頃である。ニューヨークに旅行中だった彼は、ヴリーランドにスケッチブックを見せる。それを見たヴリーランドが助言するのである。「靴を作りなさい」と。

ブラニクは素直に助言に従い、独学で靴作りを学ぶ。ヴリーランドのような**目利きの助言は、たとえ唐突に感じられようと従ってみる。**そんな素直な姿勢が彼を成功に導いたわけである。

1971年にデビューすると、ブームを起こす。ロンドンの人気ブティック、ザパタのために靴を作ったが、2000ポンドを借りてザパタを買収し、自身の靴ブティックのオーナーとなった。74年にはイギリス版「ヴォーグ」の表紙を飾った二番目の男性となった。ちなみに、最初の男性は俳優のヘルムート・バーガーである。

旗艦店はロンドンにある。79年にアメリカにもブティックを作ったのを皮切りに、世界各地に店舗を構えた。各国で大好評を博し、各国から数々の賞を受賞するばかりか、大英帝国勲章（CBE）まで受勲する。母国スペインでは「画家のピカソ、映画監督のペドロ・アルモドバル、そしてマノロ・ブラニク」と三大偉人にまで並び称せられるほどの地位を築いた。

顧客リストも華やかだが、前述のドキュメンタリー映画で強く印象を残すのは、セクシーで都会的な靴のイメージとは対極にあるマノロの生活や仕事ぶりである。

華やかなスターに囲まれる人気者でありながら、他人との同居ができず、孤独を好む。**どんなに売れても大量生産の波には乗らず、自ら工房で木型を削る。**足の指の谷間や甲をなまめかしく見せる官能的な靴を作りながら、自らは性的な快楽とは距離を置く。都会で輝く靴を作りながら、インスピレーションは自ら手入れする庭や自然に求める。**自然のなかでの禁欲的で孤独な仕事が、モードの最先端で求められ続ける官能的な靴を生む**という逆説が心をとらえるのだ。

ちなみに、マノロはウェッジソール※を嫌う。「ヒールだけがセックスアピールを持つゆえに、パワーを持つ靴である」と彼は信じている。

※ウェッジソール（Wedge sole）：
「楔（くさび）型の靴底」という意味。楔のように三角形をした靴底のデザインで、かかと部分が高く、つま先に向かって低くなり、底がフラットな形をしている。

靴デザイナーとして生きることを運命として背負った巨匠は、２０１９年春夏から
メンズラインを本格的に出した。

柔らかでカラフルに見えて、地に足がつく落ち着きを備えた靴。

繊細で華奢に見えて、実は疲れ知らずの靴。

トレンド感があるのに定番のような美しさも備えたサステナブルな靴。

自由な感性で生きる新世代の男性の足元を、マノロ・ブラニクは官能的に包み込んでくれるだろう。

赤い靴底に抵抗できるか？

クリスチャン・ルブタン

Christian Louboutin（1964〜　）

決して快適とはいえないけれど、熱望される服飾品がある。**ハイヒール**である。身体的苦痛が大きいほど心理的快感を覚え、危険度が高いほど魅力が増す。「＃kutoo運動」（ヒール靴は身体に「苦痛」をもたらすので、女性のみにマナーとして強要することをやめてほしいと訴える運動）によって、ヒール靴の肩身が狭くなるかといえば必ずしもそうならない。それと、これとは別問題なのだ。矛盾だらけの靴、しかも「レッドソール」と呼ばれるハイヒールが、市場で一定の需要を獲得し続けている。

ブームの始まりは、アメリカのテレビドラマ『セックス・アンド・ザ・シティ』であった。欲望全開のおしゃれなヒロインたちは、時に10万円を超えるデザイナーもの

クラウディオ・コンティ監督ドキュメンタリー『クリスチャン・ルブタン』より（2011年）

のハイヒールを履いて登場する。そんな高価な靴をセレブリティが競って履き、市場が一変した。なかでもフランスの靴デザイナー、**クリスチャン・ルブタン**はブームをリードした第一人者である。

クリスチャン・ルブタンはパリに生まれ育った。三人の姉妹がいたが、家族のなかでクリスチャンだけが肌の色がダークであった。家族はみなフランス人に見えるのに、自分だけ違う。後からわかったのは、実の父は、母の密かな愛人だったエジプト人であるということだった。ルブタンは学校とも折り合いをうまくつけることができず、12歳で家族から離れて、友人の家に引っ越した。

靴に魅了されたのは1976年。国立アフリカ・オセアニア美術館を訪れたときである。そこで、ルブタンは、床を傷めるおそれのある女性のスティレット（細い短剣のようなヒールがついた靴）を禁じるアフリカの標識に出会うのだ。これに対して怒りを覚え、ルールを破り、**女性に自信と力を与えるような何かを創りたい**、とルブタンは志向するようになっていく。この標識の残像はルブタンの脳裏に焼きつき、後にデザインのアイデアに反映させている。

ブランド創設は1992年。特徴は**赤い靴底**にある。目を奪い、心をざわつかせ、忘れられない情熱の赤。ルブタンが、自分の靴に何かが足りないと感じていたときに、部下の赤いマニキュアを見て靴底全体を赤く塗ったことが始まりだった。

以後、赤い靴底をトレードマークとし、２０１１年にはイヴ・サンローランが発表した、靴底に至るまですべて赤で覆われた靴に対して、商標を侵害していると提訴した。

対するサンローラン側は、「ルイ14世のヒールも、オズの魔法使いのドロシーの靴底も、赤だった」と反論する。

結局、ルブタン側が「赤い靴底はルブタンの商標」という判決を勝ち取るものの、靴底も含めて他の部分も赤い場合は、権利侵害に当たらないという条件つき。つまり、どちらの言い分も認められた形であるが、この裁判によって、「赤い靴底といえばルブタン」という認知度は高まった。

ハイヒールの女性の後ろ姿を目で追うと、ひらひらと靴底の赤が舞う。ゾクっ

イアサント・リゴーによるルイ14世の肖像（1702年。ルーブル美術館所蔵）。ルイ14世も赤いソールのハイヒールを履いていた

とする光景である。

「私の靴の真髄は女性ではなく、男性を喜ばせることにある。男は雄牛みたいなものだから赤い靴底に抵抗できない」とルブタンは語る。

苦痛をものともしない女が赤い靴底のハイヒールを履いて、10㎝ばかり高いところからクールに男たちを見下ろす。このデザイナーは、男と女の危険で矛盾だらけの心理ゲームを知り尽くしているかのようである。

2012年にはディズニーから依頼を受け、シンデレラからインスピレーションを得た靴を限定20足のみ作った。『シンデレラ：ダイヤモンド・コレクション』のブルーレイDVDセットにつくボーナス版「ガラスの靴の魔法：シンデレラの物語」という10分の短編にルブタン自身も出演している。現代女性をシンデレラに変える魔法の靴のデザイナーという立ち位置は、ますます彼の名の威信を高め、香水やコスメティック製品にもその影響力を及ぼしている。

香水業界のゲームチェンジャーで、
かつ芸術的ビジネスマン

フレデリック・マル

Frederic Malle（1962〜　）

香水業界に**ゲームチェンジャー**（市場競争の状況やルールを覆す存在）として称えられる人物がいる。名を**フレデリック・マル**という。2000年、「**香りの出版社**」という斬新なコンセプトを立ち上げ、調香師を「作家」として扱い、自らは「編集者」として調香師たちから能力を引き出し、妥協なき作品を創出させた。生まれた作品には「フレデリック マル」というブランド名のもと、コンセプトを表すタイトルとともに調香師の名も冠される。贅を極めた作品の数々は、香水業界の景色を一変させた。

マルが起こしたイノベーションその1は、**香水の本質をよみがえらせた**こと。19

90年代、化粧品会社は、パッケージデザインやモデルを使ったキャンペーンに競うように投資したが、肝心の中身はといえば、どの製品も大差はなかった。マルは虚飾を排し、香水の中身そのものに焦点を当てた。斬新ながら本質を極めた作品は、「本物」を求める愛好家たちから絶大な支持を得た。

イノベーションその2は、それまで**日陰にいた調香師たちをスターにした**こと。彼らを芸術家として敬い、才能をフルに発揮する「自由」と「責任」を与えた。マルの言葉を借りれば「**F1ドライバーに、タクシー運転手をさせてはいけない**」※。F1ドライバーがタクシー運転手をするというミハエル・シューマッハのような有名エピソードもあるが、この文脈においてマルは、才能ある調香師を多くの制約で縛るようなことをしてはいけない、という意味で話している。

そんなマルによれば、香水は人と人との関係を近づけるための磁石である。光や温度、湿度、場所、気分によって香水を変えることはもちろん、香水の基本であるが、香水をセンシュアルな（官

400本の薔薇のエッセンスを用いた「ある貴婦人の肖像」。調香師の名前（この商品はドミニク・ロピオン）が香水名の上に、マルの名前が下に記されている

※2018年11月1日、駐日フランス大使公邸で行われた記者会見にて語る。

能的な）欲望を育てる誘惑装置ととらえるならば、自分を物語るような「シグニチャー・フレグランス」を持つことも大切、とマルは勧める。

シグニチャー（象徴）となる香水は、その人の過去と現在、そして迎えたい未来の理想から導かれる。

パリ本店では、マルが直々に顧客に向き合い、シグニチャー・フレグランスを選ぶためのアドバイスをしている。面白いことに、顧客は、自分に最適の香水を選んでもらいたいと力が入ると、過去や現在の自分の秘密をすべてマルに話してしまうのだという。マルがそれを強いているのではなく、顧客自らが、勝手にマルに打ち明けてしまうそうである。あたかも神父に秘密を「告解」するように。その結果、マルはパリ界隈の秘められた人間関係を最もよく知る人となるわけである※。

人間を知り尽くした詩的な語り口で、相手を自分の世界に引き込むことのできる、マルの紳士力の賜物であろう。叔父は映画監督のルイ・マル、祖父はパルファン・クリスチャン・ディオールの創業者セルジュ・エトフレ＝ルイシュ、母もその部門で長く指揮をとっていたというサラブレッドである。芸術家一家に生まれた実業家のオリジナルなやり方が、香水ビジネスの新しい地平を切り開いたばかりか、顧客の香水に

※2018年11月2日、パレスホテル東京で開かれた午餐会にてマルが語る。

対する態度をも変えたのである。顧客は香水を通して、「自分は何者で、これからどうありたいのか?」という本質的な問いに向き合う楽しみを覚えたのだ。

「派手ではない人のほうが、個性がある。リミットがない」という人間観を持つマル自身は、ことさら人目につく装いはしていない。父の代から付き合いのあるサヴィル・ロウのアンダーソン&シェパードの仕立てスーツをネイビーのタイでスマートに着こなす。しかし、スーツの袖口からは黄色いポップなカフリンクスがのぞいていたりする。会う人みなが「これに気づいたのは私だけ」と錯覚するようなさりげなさである。

相手に対し、これに気づいたのは自分だけという密やかな喜びを与え、相手との距離をぐっと縮めてしまう高度で繊細な技は、フレデリック・マルの香水の底力に通じるものがある。

香水界のロールス・ロイス

キリアン・ヘネシー

Kilian Hennessy（*1972*〜　）

香水界のロールス・ロイスと称される「**キリアン**」というブランドがある。創始者の**キリアン・ヘネシー**は、コニャック（ブランデーの一種）の老舗ヘネシー家の第八代目として生まれ、お城のコニャックセラーに並ぶオークの木樽が放つ芳醇な香りに包まれて育った。コニャックの世界を愛しながらも家業に就かず、できれば家業から遠く逃げたかったという。理由は、何をやろうとしても「あのヘネシー家の……」という目で見られてしまうから。「家名の恩恵に頼らず、自分の力で事業を成し遂げたかった」とキリアンは語る※。

パルファムの世界に入り、ラグジュアリーブランドの香水部門を渡り歩いて著名な

※2019年6月18日、東京・恵比寿のジョエル・ロブションで行われた来日記者会見にて語る。

調香師たちのもとで学び、満を持して、２００７年に自身の名を冠した香水ブランドを立ち上げた。そこでようやく、家名とも、自分自身の野望とも、折り合いをつけることになるのだ。

超一流の環境で過ごしてきた御曹司が創る香水の世界は、香水に関する思い込みを覆し、本物のラグジュアリーについての示唆に富む。

たとえば、「香水は何のためにあるのか」という問題について、「自身を魅力的に見せるための誘惑の武器」という答えが西洋では主流を占める。前出のフレデリック・マルもそうである。

しかしキリアンは、「香水は他者の影響力から自分を守る鎧であり、自身の世界を深めるための盾となるのだ」と語る。

キリアンの試みの一つは、**触れることのできない香水を可視化する**こと。スプレーボトルには香水のストーリーにまつわる神話を表す彫刻が施される。ボトルを入れるケースはクラッチバッグ（肩ひものついていない小型のハンドバッグ）に転用できるが、そこにもまた香水世界のモチーフが現出する。「グッド・ガール・ゴーン・バッド」のケースには、金色のヘビが巻きつく。香りが紡ぎ出すアダムとイブの原罪の物語が目でわかる。

芸術のような彫刻を施されたボトルは、中身がなくなったら詰め替え用の香水を入れることで永遠に使うことができる。**「本物のラグジュアリーにはムダがない。捨てる行為とは無縁」**という考え方が礎となっている。

ムダのなさという点においては、ケースも当てはまる。ケースはクラッチバッグとして使うことができるのだ。ヒントになったのは、キリアンの妻。旅先で、あるパーティーに出席しなくてはならなくなった際、妻がバッグを忘れてきたことに気がついた。彼女は急遽、香水が入っていたケースをあたかもクラッチバッグであるかのように持ち、楽しく一夜を過ごすことができた。その後、香水ケースをクラッチバッグとしても使えるように、キリアンが若干の改良を加えた。

「グッド・ガール・ゴーン・バッド」。ケースはクラッチバッグとしても使うことができる

キリアンが嫌いな飲み物は「泡もの」。泡ものの代表格であるシャンパンも好まないという珍しい人である。トレンドのストリートファッションは好まず、自身は襟腰の高いシャツに黒いサンローランの上着、デニムを制服のように着る。

「インスピレーションの源は、文学作品や映画と並んで『自分自身』」※

このように嫌味なくさらっといえるキリアンの自信は、家名の影響力とは切り離された自分自身を見つめ、世間の雑音から身を守ろうと奮闘してきた経験から獲得できたものであろう。

バブリーな虚栄から身を守り、自身を熟成させた暁に生まれた唯一無二のイノベーション。香り、ビジュアル、哲学すべてが個性的ながら実は時空を超える古典のようでもあり、表層の「つながり」や「共感」の喧騒に疲れた心身に、じわりと深く染みわたる。

※2019年6月19日、アマン東京で開かれた午餐会にてキリアンが語る。

時代の先頭を走る
カルチャーアイコン

舘鼻則孝

Noritaka Tatehana（*1985〜*　）

©NORITAKA TATEHANA K.K.
Photo by GION

「新しさ」を生み出すことがかつてないほど難しい時代になった。ファッションショーのランウェイでは、過去のテーマをミックスしたりシャッフルしたりすることで、あるいは斬新なショー形式を演出することで、かろうじて「新しさ」を出そうとする試みがいまだ根強い。

そんな閉塞ぎみの状況のなか、デザイナー**舘鼻則孝**は、２０１０年、キャッチーなフレーズとともに世に出てきた。

「レディ・ガガの靴を創る日本人デザイナー」

かかとのない高い靴（**ヒールレスシューズ**）という奇抜なデザインもさることながら、突出したカルチャーアイコンであるレディ・ガガと日本人の靴デザイナー、という意外な組み合せに世間は新鮮な驚きを感じ、「舘鼻則孝」はニュースになった。彼は成功の秘訣をこのように語る※。

「ヒールレス・シューズのデザイナーとして有名になったけど、同じような靴を創っている人はほかにもいます。**靴が新しかったわけではない。見せ方を新しくしたんです。**そこは狙いました」

舘鼻の靴は美術館にも収蔵されているが、靴そのものの良し悪しはあまり関係がない、と彼はいう。「**時代との関わり**」、つまり、時代の先頭を走る**カルチャーアイコン**とのコラボレーションという新しい登場の仕方でニュースになることによって、時代を象徴する靴としての評価を得たのだ、と。

※インタビューの初出は、中野香織「レディー・ガガの靴を創る日本人デザイナー、舘鼻則孝さん」（『野村不動産Proud Salon』vol.14、2014年7月20日）。

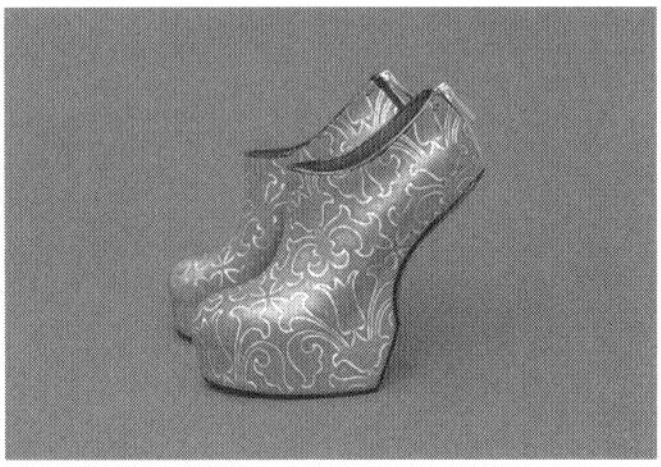

「ヒールレス・シューズ」

「花魁が履いていた高下駄」

とはいえ、靴そのものの衝撃も無視できない。かかとのない高い靴。この発想はいったい、どこから生まれたのか？

「ぼくは最初から世界を目指してきました。日本ではヨーロッパ風のものが売れますが、ヨーロッパに行けば日本的なものこそが強みになる。だから**徹底的に日本を研究**しています。この靴も、**日本の伝統的な履物を現代的に解釈したもの**ですよ」

花魁が履いた高い下駄である。日本の下駄＋西洋のハイヒール＝ヒールレス・シューズ。履いて、納得。これは高下駄を履いた感覚。不思議と安定感もある。走れたりもする。

かくもユニークな発想をする舘鼻は、歌舞伎町で銭湯「歌舞伎湯」を営む家系に生まれた。育ったのは鎌倉で、人形作家だった母親の影響を受け、幼少時から手でものを作ることに親しんでいた。東京藝術大学に入学し、絵画や彫刻、染色を学んだ。遊女をはじめ日本文化に関する研究を行い、日本の古典的な染色技法である友禅染を用いた着物や下駄の制作を行ってきた。花魁の高下駄をヒントにしたヒールレス・シューズは、この研究の延長に生まれたのである。

ガガの目に留まるきっかけは、自分で作った。卒業して2週間後、作品の写真をひたすら海外の雑誌社やスタイリストに送り続けた。100通のメールを送り、三人から返事がきた。そのうちの一人が日本出身のファッションデザイナー、**ニコラ・フォルミケッティ**。レディ・ガガのスタイリストである。「**成功するまでやり続けることが、大事なんです**」と彼は語る。

182㎝の長身にコム デ ギャルソンがよく似合う舘鼻だが、ギャルソン好きは高校生のときから。毎週、店に通い、自分の作品をスタッフに見せていた。面白がってくれるスタッフが一人いて、ほかならぬその人の口添えにより、舘鼻は2011年よりコム デ ギャルソンとの仕事もしている。つまり、**「ご縁」はすべて自分の努力で作り出している**のだ。「あらゆる偶然は、必然だと思う」という言葉に経験の裏打ちがある。

いまは靴だけではなく、かんざしを創ったり絵を描いたり、彫刻を創ったりもする。基本にあるのは、あくまで日本の文化である。国際市場における自分の立場を、「AKB48、村上隆、舘鼻則孝は同じくくり」とわきまえる彼の将来の夢は、日本親善大使であるという。

視野を広く、目標を高く、戦略的に行動するデザイナーはほかにもいるけれど、一点一点の作品を作る彼のモチベーションは、極めてパーソナルで優しい。「一歩、前へ出たい人を応援したいんです」。**ファッションは個人へのコミュニケーション**。人間をより能動的にしてあげる。自分を表現したい人の後押しをしてあげる。そんなファッションを提供したい、と彼は語る。

舘鼻の作品はいまや、ニューヨークのメトロポリタン美術館、ロンドンのヴィクトリア&アルバート博物館をはじめ、世界の美術館に、永久保存されている。モードとポップカルチュアが融合した世界で新しい価値を提示した舘鼻のもとには、世界中からインタビュアーやアーティストが訪れる。

「**世界に出ていく必要はない。自分が渦の中心になり、世界を引き寄せればいいんです**」と語る目には、静かな自信が宿る。

日本の代表的な5つ星ホテルとのコラボレーションも行えば、2016年にはパリのカルティエ現代美術財団にて人形浄瑠璃文楽の公演の初監督も務めた。すでに「日本親善大使」の働きをしている。時代の先頭を走るカルチャーアイコンとコラボすることで世に出てからほんの数年で、舘鼻自身がカルチャーアイコンになったのである。

第8章

イノベーターを育てるファッションメディア

世界中で毎日のように生まれるファッション現象のなかから、**心をとらえるものをピックアップして意義づけを行い、最もふさわしい形式で世に伝える**。そのような重要な役割を担うメディアがあってこそ、ファッションは遠くまで伝播するとともに、記録となって歴史が形作られていく。

次のトレンドを決める。次に活躍させるクリエイターを決め、その後押しをする。何が流行遅れなのかを決め、断罪する。ファッションエディターは、時にそこまでの影響力をふるうことがある。その結果、次なる時代の空気が形作られ、社会変革を導くことも少なくない。

何が美しくて何が正しいのか、生まれたばかりのファッション現象において、その判断を仰ぐことができる客観的な価値基準はない。むしろ、揺るぎない自信に支えられた審美眼を持つ一人の個人が、極めて主観的、本能的に美醜・成否の判断を下してしまうことが多い。

この章では、**強烈な個性と覚悟を持ち、次なるイノベーターを発見し、育てるファッションメディア**として活躍する人々を紹介する。

「ファクション」の力を信じさせた

ダイアナ・ヴリーランド

Diana Vreeland（*1903〜1989*）

メトロポリタン美術館衣装研究所でのダイアナ・ヴリーランド
（1978年、リン・ギルバート撮影）

これまで書かれてきた「服装史」と「ファッション史」には違いがある。場所をはじめ客観的ないくつかの基準（性別や年代、職業など）に沿い、その服装の推移について時代を追ってたどっていくのが服装史に多く見られる記述であるとすれば、「ファッション史」の表現はもっと自由である。著書のカテゴリーにもよるけれど、一般読者向けの本においては、その時代その時代において最もエキサイティングな現象が見られる都市（1920年代のニューヨーク、1960年代ロンドン、1990年代の東京など）、最も影響力のあるクラスタ（集団）に飛び、自由なスタイルで論じるものが少なくない。いわば沸点の高いところをたどっていくストーリー。

決して「学術的」ではないが、読者、聴講者はより興味を持続させることができる。

そのような「ファッション史」のとらえ方をさらに推し進めたのが、**ダイアナ・ヴリーランド**の「**ファクション**」という考え方である。「ファクト」（事実）だけで多忙な同時代人の興味を歴史的事実に引きつけることは困難である。しかし、そこにフィクション（虚構）の魔法を加味することで、人を魅了する何か特別なものが生まれる。結果として、人は「ファクト」そのものに関心を向けるようになる。「ファクトフルネス」を重視すべきであることはもちろんだが、**ファクトフルネスに目を向けてもらうためにこそ、フィクションの力を借りる**というわけである。

ダイアナ・ヴリーランドは、1867年にニューヨークで創刊した世界最古の女性向けファッション雑誌「**ハーパーズ バザー**」で1940年代、50年代にカリスマ編集者として25年間活躍した後、62年以降には「ヴォーグ」の編集長として君臨し、その後、メトロポリタン美術館衣装研究所の顧問に就任して、前例のない衣裳展を数多く成功させた20世紀ファッション界の女帝である。

『ダイアナ・ヴリーランド：伝説のファッショニスタ』は、そんな彼女の生涯を追った伝記ドキュメンタリーということになっているが、正確な事実のみで構成されているわけではないという点で、まさに「ファクション」である。

たとえば、ヴリーランドが休日に二人の息子と庭に座っていたら、上空をチャールズ・リンドバーグのスピリット・オブ・セントルイス号が飛んでいったというヴリーランドの語りがある。「大西洋単独飛行を初めて成功させた飛行機が自宅の上空を飛んだことは幸運の印なのよ！」というようなニュアンスで彼女は誇らしげに語るのだが、実はヴリーランドの家はその航路からはまったく外れたところにある。しかし、彼女の人生にとっては、リンドバーグが単独飛行を成功させたというファクトに、自宅の上空を飛んだというフィクションを加えて、ファクションを創作し、それによって自分の歴史をエキサイティングなものとして面白く語ること、そちらのほうがはるかに重要な「真実」なのである。

退屈な事実に虚構を練り混ぜてファクションを創作する、という自由な想像力に支えられた能力は、自分史を面白くするためだけではなく、ファッション史そのものをエキサイティングにするためにも発揮される。

たとえば、衣装研究所で18世紀の衣装展を行ったときの、「盛り髪」の演出。「正確な」プロポーションを再現しても、単なる懐古趣味の域を出ず、誰の心も動かさない。であれば、それを誇張する！「誇張」はこの場合、フィクションというよりもむしろ、マジックに近い。当然、「正確」を期する学芸員からは、眉をひそめられる。

しかし、あえてリスクを冒して、そのように魔法をかけられた歴史的な衣装は、人を驚かせ興奮を与え、その結果、それまで退屈と思われていた衣装展に人が大挙して詰めかけるという前代未聞の現象を巻き起こす。

想像力の翼を奔放に広げたファクションの力によって、はじめてファクトそのものにも脚光が当たるわけである。ファクションの力なしでは、見向きもされず、ファクトそのものが消え去ってしまう。「これで王妃もギロチンへ行けるわ!」というヴリーランドのセリフが決まる。

そもそも、20世紀のファッション史を構成する、多くの事象そのものの陰にも、ヴリーランドの「**ファクション力**」があった。

ビキニ、ブルー・ジーンズ、ローレン・バコール、ミニスカート&ツイギー、モデルのヌード写真、マノロ・ブラニク、黒タイツにペタンコ靴……。

現在にもつながるあれやこれやの流行現象やアイテムの起源には、ほぼ必ずダイアナ・ヴリーランドの強力なプッシュが働いていた。**ありのままの現象としては誰も面白いとも美しいとも思わないファクト。そこにヴリーランドは目をつけ、大胆にファ**

ンタジーを加えて、艶やかなファクションに仕立て上げ、陽気に攻撃的に世に問い続けた。それによって、人々が熱に浮かされ、流行がグローバルに広がり、時代が加速していった。

「ひと」に対しても、ヴリーランドはそのような「ファクション力」をフルに発揮する。無視されていたり、醜いとされがちであった欠点を持っていたりするモデルや歌手を、世にも魅力的なスターの高みへと引き上げるのだ。唇ぽってりのミック・ジャガーはそれを強調し、鼻の長いバーブラ・ストライサンドはあえて横顔を撮り彫刻や絵画の王妃のように見せ、ペネロペ・トゥリーはその「ヘンな顔」を活かし、シンガーとしてシェールを発掘するなど、彼らを一夜にしてスターに仕立て上げていった。**欠点はチャームポイントになる。**人を魅了する美しさのために必要なのは美貌ではなく、想像力のマジックであることをヴリーランドは教えてくれる。

そんなこんなのファクションの事例に目を見張りつつ、存在そのものがファッションであるようなヴリーランドの生涯をたどり終えた暁に、確信する。

ファッションとは、ファクションなのだと。

退屈な事実に、怖れることなく大胆に想像力のマジックを働かせ、人に新鮮な驚きを与えるファクションを創り上げること。それこそが、ファッションなのだと。

ずぶの素人から、「やってみない？（Why don't you try it?）」のひと言に応え、編集の世界へ入ったヴリーランド。その成功の秘密は、並外れたファクション創出の力だった。

ぎりぎりの冒険を、威厳を持ってやり遂げたエキセントリックな女帝は、富も美貌も乏しく生まれてきた人間が、豊かでオリジナルな人生を創り上げていくためのヒントも与えてくれる。

流行を仕掛ける女帝

アナ・ウィンター

Anna Wintour（*1949～*　）

各都市のコレクションにおいて、主要なブランドのショー会場では最前列の特等席に、ほぼ必ずサングラスをかけたボブヘアの女性を見つけることができる。

アナ・ウィンター、モード界の「女帝」である。アメリカ版「ヴォーグ」誌の編集長として30年以上、君臨するばかりでなく、「コンデナスト」社のアーティスティック・ディレクターにも就任し、ますます威信を高めている。イギリス出身の彼女は、長年のファッション界への貢献が評価されて大英帝国4等勲章（ＯＢＥ）も授与されている。

「ヴォーグ」編集長に就任した１９８８年の最初の表紙では、モデルに「クリスチャン・ラクロワ」のジャケットと「ゲス」のジーンズを着せた。いまでこそ高級ブランドと大衆的なメーカーのアイテムを組み合わせるのはごく普通のことになったのだが、当時はタブーに近く、この表紙はいきなり話題をさらった。

モデルではなく、歌手や女優を表紙に起用したのもアナの手腕である。89年にマドンナが表紙を飾ったときには批判さえ招いた。以後、旬の女優やテレビ司会者、大統領夫人といった著名人を続々と起用し、セレブリティ・ブームの先駆けを創る。

「**ファッションズ・ナイトアウト**」というショッピング促進イベントを始めたり、2008年、2012年のアメリカ大統領選挙戦でオバマ氏を積極的に支援するなど、ファッションを街や政治と結びつけることにも影響力を発揮している。

次々と新しい流行を仕掛けてきたが、その秘訣についてアナは、「CBSサンデーモーニング」の中で次のように語っている。

「**マーケティングはしない。本能に従うの**」

この言葉が示唆するように、冷徹な独断でがんがん進めていく仕事ぶりは、もはや伝説になっている。映画化された小説『プラダを着た悪魔』に登場する鬼編集長のモデルともささやかれる。実際のプロフェッショナルな仕事ぶりは、ドキュメンタリー映画『ファッションが教えてくれること』、あるいは『メットガラ：ドレスをまとった美術館』（メットガラとは、世界的スターたちが一堂に会する年に一度のファッションの祭典）において、その一端を垣間見ることができる。

生まれたての新しい服に関しては、何が美しくて、何が時代遅れで、何が流行るのか、実のところ、誰にも確かなことなんて言えないのだ。

だからこそ、一貫して神秘を保ち、畏怖される、そんな「絶対権力」が必要なのである。おそらくそれを理解するからこそ、ショー会場でも腕と脚を組み、サングラスで表情を隠し、ニコリともせずに、アナ・ウィンターは今日も女帝を演じている。

ニューヨークの
「生のファッション」を撮り続けた
ビル・カニンガム
Bill Cunningham（1929〜2016）

ファッションウィークでの
ビル・カニンガム（©Jiyang Chen）

1960年代後半からほぼ半世紀近くもニューヨークのファッションシーンを撮り続けてきた**ビル・カニンガム**が、2016年6月、87歳で天寿を全うしたとき、実に多くのニューヨーカーが哀悼の意を表明した。

フランスからは芸術文化勲章オフィシエを受勲し、ニューヨークでは「生きるランドマーク」に認定され、ドキュメンタリー映画『ビル・カニンガム＆ニューヨーク』まで撮影されるほど偉大な功績を持つ「伝説のカメラマン」である。

しかし本人は、受勲のスピーチで「**（写真は）仕事じゃない。好きなことをしてい**

るだけです」と屈託のない笑顔を見せる。

ファッションが大好き。その純粋な思いだけでランウェイからストリート、パーティーまで広くカバーするスナップを撮り続けたビルの仕事は、結果として、ニューヨークのファッション文化人類学と呼ぶべき一大ジャンルを築き上げた。**作り込まれた写真とは違い、時代の空気感が生々しく伝わってくる**のである。

子供のように「好きなこと」を貫くための姿勢は、むしろ求道者のようにストイックである。バスもトイレも共用という狭い部屋に寝起きし、質素な食事をすませ、フランスの清掃員が着る青いジャケットを羽織り、首からカメラを下げて自転車に乗って街に出る。パーティーでは水も口にせず、「無料の服」（ブランドから提供を受けた服）で着飾る有名人には見向きもせず、多彩な人種の微差を理解したうえでオープンに接し、審美眼にかなうものを追いかける――。

倫理的なジャーナリストの鑑であるはずだが、現代ではそんなまっとうさを通す人が時に変人扱いをされることすらある。

とはいえ、自由なスタンスでひたむきに写真を撮り、夢中になりすぎて恋愛すらしなかったという彼は、ニューヨーカーから、世界中から、敬愛された。週に一度、必ず教会へ通う理由を聞かれて考え込んだ後、「人生を導いてくれるガイドとして必要」と答えたことが印象に残っている。

仕事の喜びに輝くビルの笑顔が心を打つのは、他人には伺い知れぬ孤独との闘いを克服した後の晴れやかさを重ね見るからかもしれない。

UK「ヴォーグ」初の男性黒人編集長と
SNSが支持する「目覚めた」モデル

エドワード・エニンフル&アジョワ・アボアー

Edward Enninful（1972〜　）　*Adwoa Aboah*（1992〜　）

2017年、イギリス版「ヴォーグ」編集長に就任したのは、**エドワード・エニンフル**である。初の男性、しかも黒人、さらにゲイを公言している編集長であるということで話題になったが、ファッション界、映画界、音楽界の有名人たちは、至極当然のことであるという様子で大歓迎し、SNSで祝意を表した。

ガーナ生まれのエニンフルは幼少時に家族とともにイギリスに移住した。16歳のときにロンドンでモデルスカウトの目に留まり、19歳で「i-D」誌の最年少のファッションディレクターとなった。22歳頃までに名だたるビッグブランドの広告キャンペーンやランウェイショーに関わり、業界を超えてネットワークを拡大していく。その後、アメリカ版「ヴォーグ」、「W」、イタリア版「ヴォーグ」などでエディター、ディレクターとして仕事をしながら名声をとどろかせる。彼の業績を、イタリア版「ヴォーグ」編集長の故フランカ・ソッツァーニは、このように高く評価する。

「近年の文化史のなかでランドマークになる地位を獲得している」

2016年にはファッション産業におけるダイバーシティに貢献したことで大英帝国4等勲章（OBE）を受勲している。

黒人・ゲイ・男性と「ヴォーグ」誌における初めて尽くしの編集長となったエニンフルは、ファッションが音楽、映画と結びついて一つの文化的現象になっている現代の都市の光景の象徴でもある。

そんなエニンフルが、編集長になって初めて世に出す「ヴォーグ」の表紙モデルとして選んだのは、**アジョワ・アボアー**であった。2017年に、モード界を象徴するスタイルアイコンとして高く評価され、イギリスのファッションアワードで「モデル・オブ・ザ・イヤー」を受賞したイギリス人女性モデルである。

アボアーは身長が173㎝とモデルとしては高いほうではなく、頭は丸刈りに近いショートヘア、歯にピアスをつけ、そばかすだらけの肌を隠さないガーナ系イギリス女性である。アメリカ、イタリア、イギリス版「ヴォーグ」誌をはじめ、人気各誌の表紙を飾ったばかりか、ハイブランドのショーからファストファッションブランドの広告キャンペーンに至るまで、幅広い領域で活躍し、イギリス版「GQ」誌からも2017年度の「ウーマン・オブ・ザ・イヤー」に選ばれている。

アボアーがエニンフル編集長をはじめ、多くの人々から支持される理由は、個性的な外見のためばかりではない。彼女が**「声を上げる」活動家**でもあることが、共感を呼んでいるのだ。薬物依存症で苦しんだ経験や、自殺未遂を起こすほどの鬱《うつ》に苦しんだ過去を語るほか、それを克服した経験を活かし、心の苦しみを抱える世界中の女の子を救いたいという目的で、**「ガールズトーク（Gurls Talk）」**という組織を立ち上げ、運営しているのである。

「声を上げる」モデルは、実はアボアーのみに留まらない。人種や性による差別を告発したり、多様な社会問題に対して自分の意見を公表したりするモデルが、2017年以降、続々と登場した。彼女たちのように、ソーシャルメディアを通して発信する活動家モデルたちは、**「ウォーク（woke）モデル」**と呼ばれている。「目覚めたモデル」という意味であるが、理不尽な問題と向き合い、率直に語り、声を上げるモデルの活躍が目立ったのが２０１７年だったのだ。

くしくも「Time」誌が「今年の人」として表紙の顔に選んだのが、セクハラ被害を告発した女性たち。「＃MeToo（私も被害者）」として女性たちが実名で声を上げ、各界の大物男性を次々に告発した。「声を上げる」ことによって自己犠牲をともなうことも辞せず、同じ苦しみを持つ多くの女性を救おうと声を上げたことが、共感の輪を広げていった。自己を憐れむのではなく、苦しみをシェアすることで他者を救い、社会全体を改善しようと立ち上がった女性が目立った２０１７年。そんな時代の先駆けとなり、アイコン的な存在になったアボアーは、媚びず、ひるまず、心のありのままの表情をカメラに向ける。

エニンフルは、そうしたありのままの個性を称揚することで、本物の豊かな多様性社会を後押しする。また、ソーシャルメディアの使い方が抜群にうまく、若い世代からも支持を集めている。**音楽、映画、ファッションと横の領域を超えて人とつながり、かつ、どこか旧態も残るファッション界とデジタルで育った新世代を無理なくつなぐ。**

たんなるエディターではなく、これからのファッションを時代にふさわしい形で発信していくアイコンそのものになっている。

ポンパドールヘアの名物評論家、
「サムライ・スージー」

スージー・メンケス

Suzy Menkes（1943〜　）

ファッションウィーク（2019年秋冬）でのスージー・メンケス

ファッション評論の難しさの一つに、あるブランドについて厳しい批評を書くと、そのブランドのショーにも展示会にも二度と呼ばれなくなるということがある。

作品を見ることができない、インタビューにも答えてもらうことができないとなれば、そもそも評論すら書けなくなる。したがって、現存のブランドやデザイナーについては、厳しい評価だと思えばあえて「何も書かない」というのが大方の「ファッションジャーナリスト」がとる態度である。現場に居続けるために、仕事を続けるために、そうせざるを得ないというのがファッション界の現状である。

そのような軟弱なジャーナリストが多いなか、歯に衣着せぬ辛辣な批評もいとわないという名物ジャーナリストがいる。**スージー・メンケス**である。1990年代に、シャネルのアイコン的なキルトのハンドバッグは「もう終わり」と書いたことがある。それに対し、シャネル社は「インターナショナル・ヘラルド・トリビューン」紙（現「インターナショナル・ニューヨーク・タイムズ」紙）に全面広告を出して闘った。

現在、ファッションウィークに写真を撮られるために派手に着飾ってうろうろしているブロガーやインスタグラマーに対しても、「ファッションのサーカス」としてズバっと批判した。率直に批判もするけれど、それゆえに彼女の称賛はひときわ価値がある、そんな名物ファッション評論家が、ポンパドールヘアをトレードマークとするスージー・メンケスである。

メンケスはイギリス生まれで、ティーンエイジャーの頃にすでにパリでドレスメーキングの学校に通っている。イギリスに戻り、ケンブリッジ大学で歴史と英文学を学んだ後、「タイムズ」「デイリーエクスプレス」「インデペンデント」ほか各紙で活躍。1988年からは「インターナショナル・ヘラルド・トリビューン」で25年にわたり世界中のコレクションを取材しレポートを書いている。

長年にわたる硬派なファッション評論の功績が認められ、イギリスからは大英帝国4等勲章（OBE）、フランスからはレジオン・ドヌール勲章を受勲するなど、大御所としての地位は揺るぎない。

2014年からは「ヴォーグ」の国際エディターに就任。就任に際し、コンデナスト・インターナショナル会長兼最高責任者であるジョナサン・ニューハウスは、スージー・メンケスをこのように評価していた。

「ファッションやその背後にあるビジネスへの鋭い洞察力と優れた判断力の才能を持っている。彼女のヴォーグへの貢献は、ヴォーグにさらなる信頼と権威をもたらすだろう」

現在は、コンデナスト社がイギリス、フランス、中国、ロシア、ドイツ、スペイン、日本で展開している「ヴォーグ」のウェブサイトで、ファッション評論を書き続けている。また、コンデナスト社が支援するラグジュアリー業界の会議でも存在感を発揮している。

辛口で率直な意見を言ってもメンケスが揺るがぬ立場を守り続けていられるのは、ジャーナリストとしての芯の通った姿勢にある。ファッションブランドからのギフトを一貫して受け取らないことでも知られている。ギフトを受け取ってしまえば批判など書けなくなるからだ。

また、若いデザイナーにも旺盛な好奇心を示し、熱心に話をしにいくことでも知られている。イギリスのファッションモデルのケイト・モスは、「ニューヨーカー」誌でメンケスについて次のように描写した。

「ちょっとイカレた伯母さんのような人」

そんな**芯の強さ、好奇心の強さ、なによりも仕事とそれを取り巻く人々や世界に対する情熱を貫く姿勢が、愛され、必要とされ続ける秘訣**であることを、メンケスはその背中で教えてくれる。

衣装研究所学芸員

アンドリュー・ボルトン

Andrew Bolton（1966年〜　）

世界で最も注目を浴びるファッションイベントの一つに、「**メットガラ**」がある。毎年、5月の第一月曜日に、ニューヨークのメトロポリタン美術館で催される祝祭的なパーティーのことである。

1948年、メトロポリタン美術館衣装研究所の資金調達を目的としてメットガラは始まった。1995年以降、アメリカ版ヴォーグ編集長のアナ・ウィンターが主催者を務め、毎年、同研究所が開催するファッション展のオープニングイベントにもなっている。テーマは毎年変わり、2018年は「天国のボディ：ファッションとカトリックのイマジネーション」、2019年は「キャンプ」であった。錚々たるゲストがテーマに沿ったドレスでレッドカーペットを歩くのだが、年々、過激なコスプレと化し、『メットガラ：ドレスをまとった美術館』というドキュメンタリー映画も作られた（2017年）。

ゲスト以外の参加者は330万円を支払って参加しており、その収益は8桁にもなるという、ファッション界最大のイベントである。

さて、主催者とともに毎年のテーマを考え、テーマに沿った展覧会を実現する衣装研究所のキュレーター（学芸員）こそ、**アンドリュー・ボルトン**である。

ボルトンは、イギリスのランカシャー生まれ。17歳、高校生の頃からキュレーターに憧れていた。イースト・アングリア大学で人類学と芸術を学び、卒業後、ヴィクトリア&アルバート美術館に就職する。

2002年にかねてからの夢であったメトロポリタン美術館服飾研究所のアソシエイト・キュレーターになり、ニューヨークに移住した。2011年の展覧会「アレキサンダー・マックイーン　野生の美」をはじめとして、「中国　鏡を通して見る」など歴史に残る人気の展覧会を企画し、話題を集めてきた。2015年には上司ハロルド・コーダの後任として、主任キュレーターとなる。

2017年の川久保玲の回顧展「川久保玲／コム デ ギャルソン 間の技」、2018年の「天国のボディ」、2019年の「キャンプ」は、メットガラの相乗効果もあって世界中で大きな話題となり、ファッションがアートの一部であることを強く印象づけた。同時に出版される彼の著書は、ファッションは学術的な考察の対象に値するジャンルであることの証ともなっている。

「**ファッションはアートの一つ**」という信念を持ってキュレーションを行うボルトンだが、そう考える理由を「fashionsnap.com」のインタビューに答えて次のように述べている。

「他のアートと違って身にまとうことでその生き生きとしたアートフォームを体感できること。そして着る人のアイデンティティを表現しやすいという点もあげられます。僕が考えるアートとしてのファッションの価値は、クオリティはもちろんのこと、デザイナーが服に独自の解釈を持たせ、そのエッジに挑戦しているか、ということです」※

※出典：「メトロポリタン美術館キュレーター アンドリュー・ボルトン インタビュー」(by Akiko Ichikawa. Fashionsnap.com。https://fashionpost.jp/portraits/102270)。

そんなボルトンが企画するファッションの展覧会を、ニューヨーク・タイムズ紙は「学術的な厳密さと、奇抜さ、そして劇場性」に特徴があると表現する※。

私が忘れられないのは前述のドキュメンタリー『メットガラ：ドレスをまとった美術館』に収められたボルトンの姿である。翌日からの展覧会に備え、人のいない美術館で、ボルトンは衣装を一点一点、チェックする。ふと気になったドレスの裾の広がりを3㎝ほど直すためにひざまずき、丁寧にドレスを直していく。ほんの3㎝のずれが、衣装を別物に見せるのだ。

その姿を、カメラは神々しい光を当てて撮影する。ボルトンの全身からは、17歳からの憧れの仕事に就いていることの謙虚な感謝と喜び、そしてデザイナーの仕事を最大限に美しく見せるために奉仕しようという厳しさと敬意があふれていた。なんと美しい姿だろう。

徹底的に細部にこだわるプロフェッショナリズムを貫くボルトンの姿は、ファッションを愛するすべての人の心を深く揺さぶるばかりでなく、愛と敬意と信念を持って仕事に取り組むすべての人に対する祝福の象徴であるようにも見える。

※出典：Guy Trebay,"At the Met, Andrew Bolton Is the Storyteller in Chief" (New York Times, 2015.4.29).

あとがき

まだまだご紹介しなくてはならない「イノベーター」が大勢いる。

「エルメス」の創業者ティエリー・エルメス、「グッチ」の創業者グッチオ・グッチ、クリエイティブ・ディレクターからCEOに昇格した「バーバリー」時代のクリストファー・ベイリー、皮革を使わないエシカル・ファッションを先導するステラ・マッカートニー、ファッションジャーナリストとして初めてピュリッツァー賞を受賞したロビン・ギヴァン、「美の呪い」を解いた写真家ピーター・リンドバーグ……。

日本の「バサラ」の美を発信する山本寛斎、アメリカのドレス市場で成功したタダシ・ショージ、日本の美意識を異国趣味ではなく日本的観点から発信する「まとふ」の堀畑裕之と関口真希子、日本に輸入ブランド文化をもたらした茂登山長市郎《もとやまちょういちろう》……。

本当にきりがないので、紙幅と期限が限界にきたところで、本書が入門書ということもあり、涙をのんでいったん筆をおくことにした。「全史」と称するには人選が追いついていないところもあるが、もしも機会に恵まれることがあれば、増補版としてさらなる魅力的なイノベーターたちをご紹介させていただきたいと願っている。

社会における人の見え方を作る助けをするアパレル・イノベーターズの仕事には、彼らの生き方、人間観がそのまま反映されていることが少なくない。彼らが世間の「常識」に抗って成し遂げた仕事の成果が、人の見え方、在り方を変え、時代のムードを作り、ひいては社会変革の後押しをしている。そのような変革をもたらした人の仕事は、アパレルの領域を超えて、多くのインスピレーションを与えてくれる。

本書の企画は当初、「教養としてのファッション史」という趣旨のビジネス書として筆者に提案され、スタートした。多くの方々のご協力を賜って成り立っている。

取材に快く応じてくださったり、写真を提供してくださったりした企業にはどんなに感謝してもしきれない。一方、取材や資料のお願いを拒否されたり無視されたりしたことも多い。「並び」（ほかに誰が紹介され、登場順序はどうなるのか）を気にされた結果、お断りされたこともある。「本国の許可」が出ないとして却下されたこともある。本書の項目の分量や熱量にばらつきや偏りがあるのは、そうした裏事情の反映でもある。なんとか書き終えることができたのは、ひとえに筆者を信頼し、辛抱強く待ち続けてくださった日本実業出版社のみなさまのおかげである。

また、本書の項目のなかには、新聞連載や雑誌コラムなど、初出記事を修正・加筆・再編したものもある。原型が薄くなっているものが多いが、念のため、巻末（301

〜302頁）の初出一覧に列挙する。初出の段階で取材に応じてくださった関係者、各記事の担当編集者や各新聞社・出版社にも改めて心よりお礼申し上げたい。

初校の査読を「WWDジャパン」ウェブ版編集長である村上要さんにお願いした。アパレル界における最新の情報と正確な知識を最も豊富に持ち合わせる編集者の一人として尊敬する村上さんからは、的確なご指摘を多々いただき、とても助けられた。

多様な理由で直接の取材ができなかった現在活躍中のデザイナー／経営者に関しては、先人の著書やインタビュー記事を参考にさせていただいた。複数の資料を参照したうえで、できるだけ自分なりの表現として伝えられるよう工夫したが、そうした項目は、最初の取材者の功績の延長上に成り立っている。謹んで感謝申し上げたい。

本書を手に取ってくださった読者にも感謝します。本書が、アパレル／ファッション史の世界を概観するための一助となれば幸いです。さらに、それぞれの流儀で道を切り開いたイノベーターズの奮闘の物語から、仕事や人生に活かすことのできるヒントやエネルギーを得ていただけたら、書き手としてこれほどの幸せはありません。

令和元年12月

中野香織

各章のまとめ　イノベーションのヒントを見つける読み方の一例

以下では、本書で登場したイノベーターの特徴的な思考や生き方をピックアップした。なお、読者それぞれの読み方や解釈を拘束するものではない。

第1章

- **自身の価値を高めるために、顧客との関係も変える**⬇チャールズ・フレデリック・ワース（16頁）
- **自由意思を持って働き、自立し、自分自身の尊厳が保たれる価値観を反映する**
  ⬇ガブリエル・〈ココ〉・シャネル（27頁）
- **「あり得ない」ものが与えるショックで驚きや笑いを引き起こす**⬇エルザ・スキャパレリ（31頁）
- **穏やかで地に足がついた幸福感のある現実主義を貫く**⬇ジャンヌ・ランバン（33頁）

第2章

- **モードの外にあった要素を巧みに取り入れ、斬新なスタイルとして表現する**
  ⬇イヴ・サンローラン（47頁）
- **既存のルールを壊す**⬇マリー・クヮント（55頁）
- **歴史に着想を得て、かすかな皮肉やユーモアをアレンジする**⬇ヴィヴィアン・ウエストウッド（61頁）
- **自分のやり方で創造する**⬇ヴィヴィアン・ウエストウッド（64頁）
- **時代を見抜いて直ちに行動を起こす**⬇ジョルジオ・アルマーニ（69頁）
- **実態があいまいな夢に形を与える**⬇ラルフ・ローレン（73頁）

第3章

・壁を取り払う⬇ジャン＝ポール・ゴルチエ（79頁）
・大胆にルールを破り、細部で遊ぶ⬇ポール・スミス（82〜83頁）
・女性らしさを意識して、とことん楽しむ⬇ダイアン・フォン・ファステンバーグ（87頁）
・一貫した哲学をもってトレンド無縁の永遠のスタイルを作り上げる⬇アズディン・アライア（90頁）
・装飾から脱却し、本質を浮き彫りにする⬇ジル・サンダー（97頁）

第4章

・逆境にも負けず、粘り強く戦う⬇御木本幸吉（116頁）
・徹底して顧客主義を貫く⬇芦田淳（121頁）
・破壊ではなく創造できるものについて考える⬇三宅一生（131頁）
・おだてられたらやばいと思う⬇山本耀司（137頁）
・存在しなかったものを作り続ける⬇川久保玲（141頁）

第5章

・一部の顧客を失っても本物の創造性を発揮する⬇フランソワ＝アンリ・ピノー（155頁）
・あくまで顧客を主役と考える⬇アマンシオ・オルテガ（163頁）
・ファッションの圏外でマーケティングを行う⬇柳井正（169頁）
・人も、製品も、地域も大切にする⬇ブルネロ・クチネリ（177頁）
・一部の顧客を失おうとも、信念を貫く人をブレずに支え続ける⬇マーク・パーカー（180頁）

第6章

・広告もデザインの一部ととらえる⬇トム・フォード（１８６頁）
・闇、醜、怒り、不安、恐怖のなかから美を引き出す⬇リー・アレキサンダー・マックイーン（１８９頁）
・創始者の功績をスルーしてわが道を貫く⬇エディ・スリマン（１９７頁）
・自己理解に基づくセルフコントロールを徹底する⬇カール・ラガーフェルド（２０２頁）
・五感で素直に感じることこそが作品のヒントになる⬇キーン・エトロ（２２１頁）

第7章

・自分が着たいと思えるものをデザインする⬇ヴェラ・ウォン（２２６頁）
・自分自身に驚きを与えるような服作りを目指す⬇ドリス・ヴァン・ノッテン（２３１頁）
・どんなに売れても大量生産の波には乗らず手作りする⬇マノロ・ブラニク（２４０頁）
・成功するまでやり続ける⬇舘鼻則孝（２５８頁）

第8章

・退屈な事実から「ファクション」を創り上げる⬇ダイアナ・ヴリーランド（２６８頁）
・マーケティングはしない。本能に従う⬇アナ・ウィンター（２７０頁）

参考文献

第1章

・ミシェル・サポリ著、北浦春香訳『ローズ・ベルタン：マリー・アントワネットのモード大臣』（白水社）２０１２年
・フランソワ＝マリー・グロー著、鈴木桜子監修『オートクチュール：パリ・モードの歴史』（白水社）２０１２年
・ジャネット・ウォラク著、中野香織訳『シャネル：スタイルと人生』（文化出版局）２００２年
・リサ・チェイニー著、中野香織訳『シャネル、革命の秘密』（ディスカヴァー・トゥエンティワン）２０１４年
・エルザ・スキャパレリ著、長澤均監修『ショッキング・ピンクを生んだ女：私はいかにして伝説のデザイナーになったか』（ブルース・インターアクションズ）２００８年
・クリスチャン・ディオール著、上田安子・穴山昂子共訳『一流デザイナーになるまで』（牧歌舎）２００８年
・川島ルミ子『ディオールと華麗なるセレブリティの物語』（講談社）２００４年
・堀江瑠璃子『世界のスターデザイナー43』（未来社）２００５年
・深井晃子『キモノとジャポニスム：西洋の眼が見た日本の美意識』（平凡社）２０１７年
・田中千代『新・田中千代服飾事典』（同文書院）１９９１年
・深井晃子監修『世界服飾大図鑑』（河出書房新社）２０１３年

・Chantal Trubert-Tollu, Francoise Tetart-Vittu, Jean-Marie Martin-Hattemberg, Fabrice Olivieri, “The House of Worth 1858-1954”. Thames & Hudson, 2017.
・Paul Poiret, “The Autobiography of Paul Poiret” , translated by Stephen Haden Guest . Victoria & Albert Museum Publications, 2019.
・Christian Dior “Dior by Dior”, Victoria & Albert Museum, 2018.

第２章

・マリー・クヮント著、野沢佳織訳『マリー・クヮント』（晶文社）２０１３年
・ヴィヴィアン・ウエストウッド、イアン・ケリー著、桜井真砂美訳『VIVIENNE WESTWOOD ヴィヴィアン・ウエストウッド自伝』（ＤＵ　ＢＯＯＫＳ）２０１６年
・レナータ・モルホ著、目時能理子・関口英子訳『ジョルジオ・アルマーニ　帝王の美学』（日本経済新聞出版社）２００７年
・ジェリー・トラクテンバーグ著、片岡みい子訳『ラルフ・ローレン物語』（集英社）１９９４年
・Catherine Ormen, “All About Yves”, Laurence King Publishing, 2017.
・Andrew Bolton, “Punk: Chaos to Couture”, Metropolitan Museum of Art. 2013.
・Giorgio Armani, “Giorgio Armani”, Rizzoli, 2015.
・WWD, “WWD Fifty Years of Ralph Lauren”, Rizzoli, 2018.

第３章

・キャリー・ブラックマン著、桜井真砂美訳『メンズウェア１００年史』（スペースシャワーネットワーク）２０１０年
・キャリー・ブラックマン著、桜井真砂美訳『ウィメンズウェア１００年史』（スペースシャワーネットワーク）２０１２年
・リンダ・ワトソン著、河村めぐみ訳『世界ファッション・デザイナー名鑑』（スペースシャワーネットワーク）２０１５年
・ノエル・パロモ＝ロヴィンスキー著、朝日真・澤住倫子監修『もっとも影響力を持つ50人のファッションデザイナー』（グラフィック社）２０１２年
・ＮＪ・スティーヴンソン著、古賀令子訳『ファッションクロノロジー』（文化出版局）２０１３年
・Paul Smith, "Hello, My Name is Paul Smith: Fashion and Other Stories", Rizzoli. 2013.
・Dian von Furstenberg, "The Woman I Wanted to Be", Simon & Schuster, 2014.
・Suzy Menkes & others, "The Fashion World of Jean＝Paul Gaultier.", Harry N. Abrams, 2011.

第４章

・森英恵『ファッション：蝶は国境をこえる』（岩波書店）１９９３年
・田中宏『よそおいの旅路』（毎日新聞社）１９８６年
・『真珠王からのメッセージ　ミキモト幸吉語録』（御木本真珠島）２００５年
・山田篤美『真珠の世界史：富と野望の五千年』（中央公論新社）２０１３年
・深井晃子『ファッションの世紀：共振する20世紀のファッションとアート』（平凡社）２００５年

・山本耀司、宮智泉（聞き手）『服を作る：モードを超えて』（中央公論新社）２０１３年
・田口淑子『All About Yohji Yamamoto from 1968 山本耀司。モードの記録』（文化出版局）２０１４年
・山本耀司、宮智泉（聞き手）『服を作る：モードを超えて』（中央公論新社、増補新版）２０１９年
・鷲田清一『たかが服、されど服：ヨウジヤマモト論』（集英社）２０１０年
・南谷えり子『スタディ・オブ・コムデギャルソン』（リトルモア）２００４年
・芦田淳『人通りの少ない道：私の履歴書』（日本経済新聞出版社）２０１１年
・芦田淳『jun ashida：デザイナーの30年』（婦人画報社）１９９３年
・芦田淳『髭のそり残し』（角川学芸出版）２０１３年
・芦田淳『透明な時間』（角川学芸出版）２０１０年
・三宅一生、重延浩（聞き手・編）『三宅一生　未来のデザインを語る』（岩波書店）２０１３年
・Andrew Bolton, "Rei Kawakubo / Comme des Garcons: Art of the In-Between", Metropolitan Museum of Art, 2017.

第5章

・齊藤孝浩『ユニクロ対ＺＡＲＡ』（日本経済新聞出版社）２０１４年
・長沢伸也『ブランド帝国の素顔』（日本経済新聞社）２００２年
・ステファヌ・マルシャン著、大西愛子訳『高級ブランド戦争：ヴィトンとグッチの華麗なる戦い』（駿台曜曜社）２００２年

・米澤泉『おしゃれ嫌い：私たちがユニクロを選ぶ本当の理由』（幻冬舎）２０１９年

第6章

・中村雅人『グッチ家　失われたブランド：イタリア名門の栄光と没落』（日本放送出版協会）１９９８年
・ヴァージル・アブロー著、倉田佳子、ダニエル・ゴンザレス共訳『複雑なタイトルをここに』（アダチプレス）２０１９年
・ファーン・マリス著、桜井真砂美訳『ファッション・アイコン・インタヴューズ』（ＤＵ ＢＯＯＫＳ）２０１７年
・ハイウェル・デイヴィス著、堂田和美訳『モダン・メンズウェア：ディオールオムからマークジェイコブズまで』（ブルース・インターアクションズ）２００８年
・Dana Thomas, "Gods and Kings: The Rise and Fall of Alexander McQueen and John Galliano", New York: Penguin Press, 2015.
・Andrew Bolton, "Alexander McQueen: Savage Beauty", Metropolitan Museum of Art, 2011.
・Andrew Bolton, "Camp: Notes of Fashion", Metropolitan Museum of Art, 2019.
・Jay MaCauley Bowstead, " Menswear Revolution: The Transformation of Contemporary Men's Fashion", Ava Pub Sa, 2018.
・Terry Jones, "100 Contemporary Fashion Designers", Taschen America Llc, 2016.

第7章

・ルカ・トゥリン&タニア・サンチェス著、秋谷温美訳『世界香水ガイド3』（原書房）2019年
・Manolo Blahnik, "Manolo Blahnik: Fleeting Gestures and Obsessions", Rizzoli, 2016.
・Monica Botkier, "Handbags: A Love Story", Harper Design, 2017.
・Andrew Tucker, "Dries Van Noten: Shape, Print and Fabric", Thames & Hudson Ltd., 1999.

第8章

・ジェリー・オッペンハイマー著、川田志津訳『Front Row アナ・ウィンター：ファッション界に君臨する女王の記録』（マーブルトロン）2010年
・Diana Vreeland, "The Eye Has to Travel", Harry N. Abrams, 2011.
・New York Times, "Bill Cunningham: On the Street: Five Decades of Iconic Photography", Clarkson Potter, 2019.

参考映画（製作国での公開年を示した）

・ヤン・クーネン監督『シャネル&ストラヴィンスキー（Coco Chanel and Igor Stravinsky）』2009年
・クリスチャン・デュゲイ監督『ココ・シャネル（Coco Chanel）』2008年
・アンヌ・フォンテーヌ監督『ココ・アヴァン・シャネル（Coco Avant Chanel）』2009年
・フレデリック・チェン監督『ディオールと私（Dior and I）』2014年

・クレイグ・ティパー監督『ヴィダル・サスーン（Vidal Sassoon: The Movie）』２０１０年

・デイヴィッド・バッティ監督『マイジェネレーション　ロンドンをぶっ飛ばせ！（My Generation）』２０１７年

・ベルトラン・ボネロ監督『サンローラン（Saint Laurent）』２０１４年

・ジャリル・レスペール監督『イヴ・サンローラン（Yves Saint Laurent）』２０１４年

・ピエール・トレトン監督『イヴ・サンローラン（L'amour fou）』２０１０年

・ローナ・タッカー『ヴィヴィアン・ウエストウッド　最強のエレガンス（Westwood: Punk, Icon, Activist）』２０１８年

・Letmia Sztalryd 監督『永遠の反逆児 ヴィヴィアン・ウエストウッド　Do It Yourself!（Vivienne Westwood: Do It Yourself!）』２０１１年

・ジュリアン・オーザンヌ監督『アルマーニ（Giorgio Armani: A Man for All Seasons）』２０００年

・ステファン・カレル監督『ポール・スミス：ジェントルマン・デザイナー（Paul Smith, Gentleman Designer）』２０１２年

・ロドルフ・マルコーニ監督『ファッションを創る男：カール・ラガーフェルド（Lagarfeld Confidential）』２００７年

・ロイック・プリジェント監督『サイン・シャネル：カール・ラガーフェルドのアトリエ（Signe Chanel）』２００５年

・ピーター・エデッドキー他監督『マックイーン：モードの反逆児（McQueen）』２０１８年

・トム・フォード監督『シングルマン（A Single Man）』２００９年

・トム・フォード監督『ノクターナル・アニマルズ（Nocturnal Animals）』2016年
・ライナー・ホルツェマー監督『ドリス・ヴァン・ノッテン：ファブリックと花を愛する男（Dries）』2017年
・マイケル・ロバーツ監督『マノロ・ブラニク：トカゲに靴を作った少年（Manolo: The Boy Who Made Shoed for Rizards）』2017年
・クラウディオ・コンティ監督『クリスチャン・ルブタン』2011年
・ブルノ・ユラン監督『ファイア by ルブタン（Fire by Christian Louboutin）』2013年
・リサ・イモーディーノ・ヴリーランド他監督『ダイアナ・ヴリーランド（Diana Vreeland: The Eye Has to Travel）』2011年
・R・J・カトラー監督『ファッションが教えてくれること（The September Issue）』2009年
・アンドリュー・ロッシ監督『メットガラ：ドレスをまとった美術館（The First Monday in May）』2016年
・デイヴィッド・フランケル監督『プラダを着た悪魔（The Devil Wears Prada）』2006年
・リチャード・プレス監督『ビル・カニンガム&ニューヨーク（Bill Cunningham New York）』2010年
・マシュー・ミーレー監督『ニューヨーク・バーグドルフ：魔法のデパート（Scatter My Ashes at Bergdolf's）』2012年
・ロバート・アルトマン監督『プレタポルテ（Prêt-á-Porter』1994年
・ベン・スティラー監督『ズーランダー№2（Zoolander2）』2016年

〈初出一覧〉 ※大幅に改訂したもの、原稿を統合したものを含む

- 「イヴ・サンローラン　女性の社会進出　後押し」(『読売新聞』「Style アイコン」2014年4月16日)
- 「ヤングハートの女王　ヴィヴィアン・ウエストウッド」(『GQ Japan』2018年10月号、2018年10月1日)
- 「彼は人間像をデザインした」(ジョルジオ・アルマーニ)(『日本経済新聞』The STYLE、2019年6月23日)
- 「ラルフ・ローレン　観客とファンタジー共有」(『読売新聞』「Style アイコン」2014年7月9日)
- 「ジャン＝ポール・ゴルチエ　遊び心に富んだ作品」(『読売新聞』「Style アイコン」2015年11月25日)
- 「ポール・スミス　英国紳士像の模範例」(『読売新聞』「Style アイコン」2015年4月1日)
- 「ダイアン・フォン・ファステンバーグ　女性らしさの楽しさ表現」(『読売新聞』「Style アイコン」2015年9月16日)
- 「アズディン・アライア　理想を体現する独創性」(『読売新聞』「Style アイコン」2017年12月7日)
- 「創始者冠したブランド　レガシー継承の難しさ」(『日本経済新聞』The STYLE、2018年4月8日)
- 「Jun Ashida エレガンスの軌跡～日本のモードとともに」(『T Japan: The New York Times Style Magazine』2016年3月28日)
- 「三宅一生　研究と改良の『エンジニア』」(『読売新聞』「Styleアイコン」2014年7月30日)
- 「ラグジュアリービジネスに『アート』と『持続性』が必要な理由　～ケリング会長フランソワ＝アンリ・ピノー氏インタビュー」(『Forbes Japan』2018年12月号、2018年10月25日)
- 「ピッティ・ウオモ　メンズの流行生む磁力」『日本経済新聞』The STYLE、2017年8月6日)
- 「ブルネロ クチネリ　LOOK BOOK 2019 Autumn Winter」(『JB press autograph』2019年10月18日)
- 「トム・フォード　ラグジュアリービジネス先導」(『読売新聞』「Style アイコン」2014年5月28日)
- 「アレキサンダー・マックイーン　栄華と闇　引き裂かれた『殉教者』」(『読売新聞』「Style アイコン」2019年1月4日)
- 「カール・ラガーフェルド　厳しくも魅惑的な言葉」(『読売新聞』「Style アイコン」2013年11月6日)
- 「トム・ブラウン　半ズボンスーツで衝撃」(『読売新聞』「Style アイコン」2015年7月29日)
- 「ヴァージル・アブロー　多様化社会を実現する情熱」(『読売新聞』「Style アイコン」2018年7月13日)
- 「ドルチェ＆ガッバーナ　オートクチュール　色彩乱舞　日本への賛歌」

(『日本経済新聞』The STYLE、2017年5月14日)
・「キーン・エトロ 『ワイルドで自由』な魅力」(『読売新聞』「Style アイコン」「2017年11月9日)
・「ヴェラ・ウォン ウェディング界に革命」(『読売新聞』「Style アイコン」2018年2月22日)
・「ドリス・ヴァン・ノッテン システム化せず潮流超える」(『日本経済新聞』「モードは語る」2018年1月13日)
・「アニヤ・ハインドマーチ 周囲を温かくする遊び心」(『読売新聞』「Style アイコン」2014年11月12日
・「マノロ・ブラニク 官能の靴 思わずため息」(『日本経済新聞』「モードは語る」2017年12月2日)
・「マノロ・ブラニク」(『OCEANS』2019年12月号、2019年12月1日)
・「クリスチャン・ルブタン 『抵抗できない』赤い靴底」(『読売新聞』「Style アイコン」2013年3月13日)
・「マルの香水世界 妥協無き完成度と敬意」(『日本経済新聞』「モードは語る」2018年11月10日)
・「香水ビジネスにイノベーションを起こした現代の紳士フレデリック・マル」(『Men's Precious.jp』「伝説のジェントルマンかく語りき」2019年6月25日)
・「高級香水『キリアン』 自分を守り深める世界観」(『日本経済新聞』「モードは語る」2019年7月6日)
・「レディー・ガガの靴を創る日本人デザイナー、舘鼻則孝さん」(『野村不動産Proud Salon』vol.14、2014年7月20日)
・「ダイアナ・ヴリーランド 美の基準を覆す演出」(『読売新聞』「Style アイコン」2012年12月5日)
・「アナ・ウィンター 流行を仕掛ける『女帝』」(『読売新聞』「Style アイコン」2014年3月5日)
・「アジョワ・アボアー 『声を挙げる』姿勢に共感」(『読売新聞』「Style アイコン」2017年12月28日)
・「覚醒して語る、ウォーク・モデルの時代」(Jun Ashida広報誌『JA』No.109、2018年1月1日)

〈写真ご協力〉

・マリー・クヮント
・ジョルジオ アルマーニ ジャパン株式会社
・森英恵事務所
・株式会社ミキモト
・株式会社ジュン アシダ
・ピッティ・イマージネ・ウオモ
・ブルネロ クチネリ ジャパン株式会社
・株式会社キノフィルムズ(リー・アレキサンダー・マックイーン)
・株式会社キャンドルウィック(フレデリック・マル、キリアン・ヘネシー)
・NORITAKA TATEHANA K.K.

中野香織（なかの　かおり）
服飾史家/株式会社Kaori Nakano 代表取締役/昭和女子大学客員教授。ファッション史やモード事情に関する研究・執筆・講演を行うほか企業のアドバイザーを務める。1994年、東京大学大学院総合文化研究科地域文化研究専攻博士課程単位取得満期退学。英国ケンブリッジ大学客員研究員・東京大学教養学部非常勤講師・明治大学国際日本学部特任教授を務めた。
著書に『ロイヤルスタイル 英国王室ファッション史』（吉川弘文館）、『紳士の名品50』（小学館）、『ダンディズムの系譜 男が憧れた男たち』（新潮社）、『モードとエロスと資本』（集英社）などがある。
公式HP www.kaori-nakano.com

「イノベーター」で読《よ》む　アパレル全史《ぜんし》

2020年1月20日　初版発行
2020年3月1日　第2刷発行

著　者　中野香織
発行者　杉本淳一

発行所　株式会社日本実業出版社　東京都新宿区市谷本村町3−29 〒162-0845
大阪市北区西天満6−8−1 〒530-0047

編集部　☎03-3268-5651
営業部　☎03-3268-5161　振　替　00170−1−25349
https://www.njg.co.jp/

印刷・製本／リーブルテック

ISBN 978-4-534-05752-5　Printed in JAPAN